U0323875

高等教育"十三五"规划教材

电工电子技术实验指导

主　编　任晓霞　穆丽娟
副主编　王颜辉　姚志广　程　晟

中国矿业大学出版社
·徐州·

图书在版编目(C I P)数据

电工电子技术实验指导 / 任晓霞,穆丽娟主编. —徐州:
中国矿业大学出版社,2018.7(2021.8 重印)
　　ISBN 978-7-5646-3672-2

　　Ⅰ.①电…　Ⅱ.①任…　②穆…Ⅲ.①电工技术-实验-
教学参考资料②电子技术-实验-教学参考资料　Ⅳ.
①TM-33②TN-33

　　中国版本图书馆 CIP 数据核字(2017)第 203060 号

书　　名	电工电子技术实验指导
主　　编	任晓霞　穆丽娟
责任编辑	仓小金
出版发行	中国矿业大学出版社有限责任公司
	(江苏省徐州市解放南路　邮编 221008)
营销热线	(0516)83884103　83885105
出版服务	(0516)83995789　83884920
网　　址	http://www.cumtp.com　**E-mail**:cumtpvip@cumtp.com
印　　刷	江苏凤凰数码印务有限公司
开　　本	787 mm×1092 mm　1/16　**印张** 15.25　**字数** 381 千字
版次印次	2018 年 7 月第 1 版　2021 年 8 月第 2 次印刷
定　　价	29.00 元

(图书出现印装质量问题,本社负责调换)

前　言

　　"电工电子技术实验"是高等学校工科类专业一门实践性很强的重要学科基础必修实践课程,目的是培养学生理论联系实际的能力、实践操作能力、分析和解决实际问题的能力以及综合应用的能力。在实验过程中培养学生严谨求实的科学态度和踏实细致的工作作风,培养学生的工程意识、创新意识,以适应未来实际工作的需要。

　　本书作为《电工电子技术》的配套实验教材,相应的包括电路基础、模拟电子技术、数字电子技术和电气控制基础等部分的相关实验内容,共包含 8 章内容。第 1 章是电工电子技术实验概述,介绍了实验的总体要求、实验应遵守的程序、用电安全常识、实验测量误差以及数据分析处理等内容,由穆丽娟教授编写。第 2 章是常用电工电子测量仪器,介绍了直流稳压电源、万用表、函数信号发生器、示波器、交流毫伏表、兆欧表、功率表等电工电子仪器仪表的使用方法、使用注意事项、工作原理等内容,由王颜辉编写。第 3 章 Multisim 的应用,介绍了 Multisim 软件在电工电子技术实验中的使用方法并举例,为后续的仿真实验奠定基础,本章由姚志广编写。第 4 章电工基础实验,介绍电路基本原理的验证实验方法,比如基尔霍夫定律的验证、叠加定理验证、戴维南定理的验证、功率因数的提高实验、RC 一阶电路的暂态分析等实验内容,由穆丽娟教授和王颜辉共同编写。第 5 章电气控制基础实验,包括三相异步电动机的顺序控制、正反转控制、时间控制、行程控制、Y/△降压启动控制、制动控制等实验内容,由王颜辉、程晟、姚志广共同编写。第 6 章电子技术基础实验,包括模拟电子技术和数字电子技术的实验内容,由穆丽娟教授、王颜辉共同编写。第 7 章电工电子技术设计实验,讲解了组合逻辑电路的设计、时序逻辑电路的设计、集成运算放大器电路设计、频率电压转换电路的设计的实验内容,由王颜辉、程晟共同编写。第 8 章综合设计与实践,讲解了多个综合设计实验的实例,满足了学生对实验思路扩展的差异性要求,本章由王颜辉编写。全书由穆丽娟教授统稿审核。

　　本书在内容叙述上由浅入深,通俗易懂。每个实验均在实验目的、实验任务、实验原理、实验内容、实验预习、实验报告、思考题等几个方面进行了详细的说明。从基本实验、技能训练到综合设计的结构编排上,循序渐进,各实验环节紧密衔接,不同层次之间融会贯通,较全面地反映了电工学的实验教学体系。本书实验内容丰富,在做实验时,可根据具体课时安排有选择地安排实验。

　　本书从编写到出版的过程中,得到了中国矿业大学出版社的大力支持和帮助,在此表示深深的谢意!

　　由于编者水平及时间限制,对于本书中存在的错误和疏漏,恳请读者批评指正。

编　者

2017 年 5 月

目　录

第 1 章　电工电子实验概述

电工电子技术实验是电工电子技术课程及理工科专业教学中不可或缺的重要教学环节。它渗透了工程技术的特点,在培养学生的实践能力过程中起着承上启下的作用。为了使学生更好地完成实验任务,本章对实验课的目的及意义进行了详细阐述;对实验课的任务和要求以及实验报告的要求提出了具体要求;对实验的故障排除进行了分析;还介绍了实验室用电安全与规则常识,对电路元器件进行了介绍,另外还详细介绍了实验测量数据的分析与处理。这些知识既对学习电工学实验有指导意义,也对以后工作有很重要的帮助。因此,建议学生在实验课前认真通读本章内容,以便对电工电子技术实验有一个整体的了解。

本章实验教学课时建议为 2～4 学时,课堂教学建议着重讲解实验程序、要求和基本方法,并结合不同高校的实验室设备加以介绍,其他内容由学生自学。

1.1　电工电子实验的基本要求

1.1.1　实验课开设的目的及意义

电工电子技术实验是高等工科院校一门实践性很强的重要专业基础课程,该课程开设的目的是通过实验手段,使学生巩固和加深电工学的基础理论知识,掌握实验方法,熟悉实验过程,积累实验经验,获得实验技能;树立工程实践的观点,养成严谨的科学作风,具备观察、分析和解决问题的能力;培养学生的工程意识、创新意识,以适应国家科学技术和社会经济发展的需要。

学生通过电工电子技术实验的学习,能够对电路进行分析、调试、故障排除和性能指标的测量,熟悉常用元器件的性能和使用方法,掌握测量仪器仪表的工作原理和规范使用,掌握基本实验知识、基本实验方法和实验技能,培养综合应用理论知识的能力和解决较复杂的实际问题的能力。

1.1.2　实验课的教学要求与任务

1.1.2.1　电工电子技术实验分类

根据实验任务电工电子技术实验可以分为三类:

(1) 基础性验证实验

主要以元器件特性、参数和基本单元为实验电路。根据实验目的、实验任务和实验步骤,验证电工电子技术课程的有关原理。

(2) 提高性实验

主要以应用案例为背景,根据给定的实验电路,由学生自行拟定实验方案,正确选择仪器,完成电路连接和性能测试的任务。

（3）综合性设计实践

根据给定的实验课题或自主选择的课题,由学生独立设计实验电路、实验内容和性能指标,选择合适的元器件,完成电路的组装和调试以达到设计要求。

1.1.2.2　本课程的基本教学要求

① 通过基础性实验,学会识别电路图、合理布局和接线、正确测试、准确读取和记录数据,能排除实验电路的简单故障和解决实验电路中常见的问题。通过实验,加深理论与实践的联系,体现理论对实践的指导意义。

② 通过提高性实验,学会正确选择和使用常用的电工仪表、电子仪表、实验设备和工具,掌握典型应用电路的组装、测量和调试方法,能够正确处理实验数据、绘制曲线图表和误差分析,具有一定的工程估算能力。

③ 学会查阅相关技术手册以及能够网上查阅资料,合理选用实验元器件的参数。

④ 能够使用 EDA 等仿真软件,对实验电路进行仿真分析和辅助设计。

⑤ 通过综合性设计实践,掌握常用单元电路或小系统的设计、组装和调试方法,具备一定的综合应用能力。

⑥ 具有独立撰写实验报告的文字表达能力,学会从实验现象、实验结果中归纳、分析和创新实验方法。

⑦ 提高科学素养,养成严谨的工作作风,严肃认真、实事求是的科学态度,勤奋钻研、勇于创新的开拓精神,遵守纪律、团结协作和爱护公物的优良品德。

1.1.3　实验的基本程序

实验课的基本程序有三个环节:实验预习阶段、实验阶段、实验总结阶段(分析整理实验数据,撰写实验报告),每个阶段都直接影响着实验的效果,都有明确的要求和任务。

1.1.3.1　实验预习阶段

实验前应对实验内容进行预习,明确实验目的和要求,对实验任务和方案的可行性进行分析,预测实验的结果,并写预习报告。实验的预习报告主要包括:

① 实验名称、实验目的、实验内容、实验方法等;

② 实验仪器设备清单,包括设备的名称、型号、规格、数量,实验中还需要记录设备编号;

③ 简述实验的原理,包括相关的原理图、电路图及计算公式;

④ 实验步骤;

⑤ 仿真分析。

1.1.3.2　实验阶段

实验阶段的主要目的是:完成实验任务,锻炼实验能力并养成良好的工作习惯,同时积累实践经验。因此,在实验过程中要做到勤动脑、勤动手,善于发现问题,思考问题,解决问题。实验阶段主要包括熟悉、检验和使用元器件和仪器仪表,连接实验路线,实际测试及数据整理,分析整理与撰写实验报告。

（1）了解实验器件与仪器仪表

实验器件与仪器设备不同于理想元件,同一类型的元器件及仪器仪表会因型号和用途的不同,在外观上存在一定差异,在额定值和精度等内部特性方面也有很大差别。实验所涉及的主要元器件在本书后续章节有介绍。因此,在实验前必须了解和熟悉它们的功能、基本原理和操作方法,并能够正确选用。

（2）连接实验线路

连接实验线路是实验过程中的关键性步骤,也是评判学生是否掌握基本操作技能的主要依据。线路的连接要求布局合理,将仪器仪表合理布置,使之便于操作、读数和接线。合理布局的原则是:安全、方便、整齐、相互不影响。另外,接线要正确,接线该长则长,该短则短,尽量做到线路简洁清楚、容易检查、操作方便、牢固可靠。合理的接线步骤一般是:"先串后并,先主后辅"。为了安全起见,接线时通常最后接电源部分,拆线时应先拆电源部分,操作中严禁带电接、拆线。

（3）实际测试与数据记录

实验电路虽然经过了理论计算、仿真分析,甚至通过了前人的可行性验证,但理论、仿真与实际往往有可能存在很大差异,因此,对于一个连接好的实验电路,还需要对它进行实际测试,以确定实验与理论的差别,并判断是否符合实验要求。

按照实验步骤进行实验并进行数据测量和记录,记录数据时注明被测量的名称和单位。重复测量的数据应记录在原数据旁边或新数据表中,不要轻易涂改原始数据,以便比较和分析。

在测量过程中,应及时对数据进行分析,以便及早发现问题,立即采取必要措施以达到实验的预期效果。比如,对被测量变化快的区域,应增加测试点以获取更多的变化细节;对变化缓慢的区域,可以减少测试点,以加快测试速度,提高效率;对关键点的数据不能丢失,必要时可以多次测量,选用它们的平均值以减小误差。

实验完成后,不要急于拆除实验线路。应先切断电源,待检查实验测试内容没有遗漏和错误后再拆除线路。一旦发现有异常或误差较大,必须在原有的实验状态下查找原因,作出相应的分析,并加以解决。

1.1.3.3 实验总结阶段

做完实验后,依据实验记录对实验数据和现象进行分析,并撰写实验报告。实验报告是实验工作的全面总结,是教师考核学生实验成绩的主要依据之一。填写实验报告的主要目的是对实验原始记录的数据进行处理,此时要充分发挥曲线和图表的作用,其中的公式、图表、曲线应有符号、编号、标题、名称等说明,以保证叙述条理清晰。为了保证整理后数据的可信度,应有理论计算值、仿真数据和实验数据的比较、误差分析等。实验报告要求字迹清楚,回答问题简明扼要,有条有理,数据表格工整,电路图清晰完整,实验曲线、波形一律画在方格纸上,剪贴在相应位置,实验数据准确详细。

1.1.4 实验的故障排除与分析

（1）实验中常见故障

① 连线:包括连线错误,接触不良,出现短路或断路;

② 元件:元件使用错误,元件值错误(包括电源输出值错误等);

③ 参考点:电源、实验电路、测量仪器之间公共参考点连接错误等。

（2）故障排除方法

故障检查方法很多,一般是根据故障类型确定故障部位、缩小范围,在小范围内逐点检查,最后找出故障点并给予排除。简单实用的方法是用万用表在通电状态下用电压挡或断电状态下用电阻挡检查电路故障。

① 带点检查法:用万用表的电压挡或电压表。在接通电源情况下,根据实验原理,如果电路某两点间有电压,而万用表测不出电压;或某两点间不应该有电压,而万用表测出了电压;或所测电压值与电路原理不符,则故障在此两点之间。

② 断电检查法:用万用表的电阻挡或欧姆表。在断开电源情况下,根据实验原理,如果电路某两点间应该导通无电阻(或电阻极小),而用万用表测出开路或电阻极大;或某两点应该开路或电阻极大,但测出的结果为短路或电阻极小,则故障在此两点之间。

1.2 人体安全用电

1.2.1 实验室用电规则与保护

1.2.1.1 实验室安全用电规则

人体是导电体,当人体不慎触及电源及带电导体时,电流将通过人体,使人体带电,简称触电。为了防止触电事故的发生,要求每个实验人员在实验前都应该熟悉安全用电常识,在实验过程中严格遵守安全用电规则和操作规程。

(1)人身安全

① 不能穿拖鞋进入实验室,实验时不允许穿短裤亦不许光脚,实验台面不能放水杯或饮料瓶等。

② 各种仪器设备应有良好的接地线,通过强电装置的连接导线应有良好的绝缘外套,芯线不得外露,杜绝使用绝缘不良的导线。

③ 在进行强电或具有一定危险性的操作时,应有两人以上合作,在接通 220 V 交流电源之前应通知实验合作者。用万用表测量高压时,万用表不要拿在手里,要放在试验台面的合适位置上,先将一只表笔可靠放置一个测量点,再单手拿另一只表笔触碰另一个测量点。读取数据时保持站立,不可带电随意搬动电表。

④ 万一发生触电事故,应迅速切断电源,使触电者迅速脱离电源并采取必要的急救措施。

(2)仪器及设备安全

① 使用仪器前,应认真阅读仪器使用说明书,掌握仪器的使用方法和注意事项。

② 使用仪器时,应按照要求正确接线。

③ 实验中要有目的地操作仪器面板上的开关或旋钮,轻旋轻放,切忌用力过猛。

④ 实验过程中,精神必须集中。当嗅到焦味、见到冒烟或火花、听到噼啪响声、感到设备过热及出现保险丝熔断等异常现象时,应立即切断电源,在故障未排除前不得再次开机。

⑤ 未经允许不得随意调换仪器,更不准擅自拆卸仪器设备。搬动仪器设备时要轻拿轻放。

⑥ 仪器使用完毕,应将面板上各旋钮、开关置于合适的位置,如将万用表功能开关旋至"OFF"位置等。

⑦ 为保证器件及仪器安全,在连接实验电路时,应该在电路连接完成并检查完毕后再

通电。通电时先接电源后接信号源,断电时先断信号源再断电源。

⑧ 实验完成后,切断电源,关闭仪器仪表的电源开关,拆线,收拾好导线并放在抽屉中,填写实验室仪器仪表使用记录本。

1.2.1.2 实验室用电保护

实验室的用电大多采用了多重保护措施,一般有接零保护、过流保护、漏电保护等。

（1）接零保护

把仪器设备的金属外壳与中性线相连的保护方式称为接零保护,实验室通常采用接零保护方式。对于单相交流电源,常用三孔插座,其中大孔接地线,左孔接中性线,右孔接相线,连接示意图如图 1-2-1 所示。

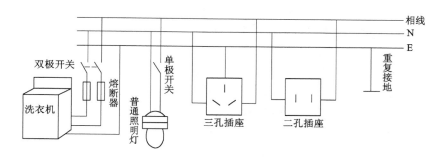

图 1-2-1　单相用电设备的接零保护

验电笔可用来判断相线与中性线,它由一个大阻值的限流电阻与氖灯串联而成。当验电笔接触相线时,电压经过验电笔、人体、大地构成回路,使氖灯发光,其电流很微弱,以保护人体不受伤;当验电笔接触中性线时,由于氖灯两端无电压,不会发光。因此,用验电笔检测可判断被试物体是否带电。普通验电笔仅用于检测 50～380 V 的电压,不允许检测高压,以免导致触电。

（2）过流保护

实验室的电源常用熔断器作为过流保护装置,它由低熔点合金制成。当用电设备过载或短路时,会产生大电流,使熔断丝熔断,从而切断电路。使用熔断器应注意其额定电流与电路正常负载的正确配合,以免影响用电设备的正常工作。

传统熔断器作为过流保护只能使用一次,烧断了必须更换。目前专用试验台上多数采用自复保险丝,它是一种以聚合物为基础掺入导体制成的新产品。当电流急剧增加时,自复保险丝的温度瞬间上升,其阻抗迅速提高,使通过的电流在极短的时间内变小,电路如同开路,达到保护的目的。当异常电流消失后,它即可瞬间恢复成低阻抗导体,无须人为更换。有的试验台瞬间出现过流时,还会有声光报警,只要按下复位按钮即可恢复。

（3）漏电保护

使用交流电源的场所,一般都安装漏电保护器。当负载相线与地线之间发生漏电或由于人体接触相线而发生单相触电时,漏电保护器就自动跳闸而断开电源,对电器及人身安全起到保护作用。专用实验台通常采用电流型和电压型两种漏电保护装置,对实验过程中的任何漏电或单相触电,都能够断开电源并且报警。使用中若漏电保护器动作,应查明故障并予以排除,再按下漏电保护器的恢复按钮,使其恢复保护功能。

专用实验台的用电设备一般都选用三相隔离变压器,将实验台上的用电与电网之间进行电气隔离,对用电安全起到较好的保护作用。

1.2.2 电气火灾的消防知识

电气设备在工作时会发热,若其温度超过规定值时,就容易发生火灾。因此,必须了解电气火灾的产生原因、扑救和预防方法。

(1) 发生电气火灾的主要原因

高温是发生电气火灾的直接原因。在发电、变电和用电等场所,产生高温的主要原因有电气设备或线路超载运行、发生短路故障、雷电、电火花或电弧、散热不良、通风不畅等。有时继电器或接触器的触点接触不良、导线连接处松动等使接触电阻增大,也会造成该处局部高温。除了直接原因外,周围存放易燃易爆物品,也是不可忽视的因素。

(2) 电气火灾的扑救和预防

发生电气火灾时,应立即拨打119电话报警,向消防部门求助。扑救火灾时,首先应切断电源,以防触电。对于严重的电气火灾事故,还应通知电力部门到现场指导和监护扑救工作。对尚未确定断电的电气火灾进行扑救时,一般选择灭火介质不导电的灭火器进行扑救,不允许使用泡沫灭火剂或水枪,以免造成更大的危害。预防电气火灾主要是致力于消除隐患,正确选用保护装置,按规定设置短路、过载、漏电保护及隔热、散热、强迫冷却等安全措施。在使用过程中注意观察,及早发现和处理问题,并做好定期的安全检查,加强对易燃易爆等危险品的管理。

1.2.3 触电的急救与预防

1.2.3.1 触电的急救处理

(1) 脱离电源

① 如果电源开关就在附近,应立即切断电源;

② 如果电源开关离救护人员较远,可用绝缘物体如干燥的木棒或其他带有绝缘手柄的工具迅速使触电者脱离电源,也可以用绝缘手钳或带有干燥木柄的刀或其他工具将电线切断,从而使触电者脱离电源;

③ 救护人员在帮助触电者脱离电源的过程中,切不可直接手拉触电者,也不能用金属等导电物体去做抢救工具,以防救护人员自身触电。

(2) 急救处理

当触电者脱离电源后,应立即进行现场急救,同时通知医护人员前来抢救。只有在现场危及安全时,才允许将触电者移至安全的地方进行急救。如果伤者的伤势不严重,神志清醒,只是心慌无力,应让伤者平卧休息 1～2 h,有过早搏动者应观察 24 h。对于重伤者,应立即在现场进行抢救;对心跳停止而呼吸未停止者可做胸外心脏按压,60～70 次/min;对于呼吸停止而心跳未停止者应进行人工呼吸。如果伤者出现假死现象,千万不要放弃,一定要坚持救护,直到伤者复苏或医务人员前来救治为止。

1.2.3.2 触电的预防

(1) 人身安全电压

人身安全电压是根据不同场所的安全标准而制定的,通常有以下三种情况:

① 对于住宅、工厂、办公室等一般场所,人体皮肤无论是干燥或出汗潮湿,在接触电压时有可能发生危险。此时,人体的阻抗约为 1 000 Ω,假设人体允许通过的电流为 50 mA,则 50 mA 与 1 000 Ω 的乘积为 50 V。那么 50 V 就是这类场所人体所允许接触的最高电压,其安全电压规定为 36 V。

② 对于隧道、涵洞、矿井等高度潮湿的场所,人体出汗或工作环境的影响都会使皮肤相对潮湿,且双手与双脚经常会接触凝露的设备金属外壳或构架,所以发生触电的危险性高,此类场所的安全电压规定为 24 V。

③ 对于游泳池、水槽或水池等场所,人体大部分浸入水中,皮肤完全浸湿。此时安全电压规定为 6 V。

（2）预防触电的措施

触电事故的发生,多数是违反操作规程引起的。为了预防触电,必须做好以下工作。

① 落实安全制度

凡是用电单位,都要结合自己的具体情况建立切合实际的安全用电制度,并落实到人。在用电过程中,每个人都要严格遵守安全制度,任何时候都不可大意。

② 采取防范措施

预防触电的必要手段就是根据工作环境和实际要求采取相应的防范措施。例如现场应按照国家有关标准规范施工,包括设备应选用安全电压工作,以符合安全标准;电气系统要有保护装置,如熔断器、空气断路器、漏电保护器和建立防护系统等,以保障人身和设备安全;注意检查电器的使用年限以及线路的老化破损程度,以得到及时更换和修复。

③ 遵守操作规程

遵守操作规程是保障用电安全的重要内容。在安装和检修电气设备之前,应先切断电源,并在电源开关处挂上警示钟,切勿带电操作。检查导线和设备是否带电时,应使用验电笔或仪器检测,切不可用手去直接触摸检验。操作电气设备时,应穿上绝缘良好的胶鞋或塑料鞋,必要时要带上绝缘手套,尽量养成单手操作的习惯。对于强电场所,地面上应铺设干燥的木板或橡胶垫。对第一次进入实验室的人员,必须进行安全教育,熟悉安全规程。

1.3　电子元器件

电子元器件是电工电子学实验中不可缺少的器材,常用的元器件有电阻器、电容器、电位器、变压器、电感器、半导体器件等,本节主要介绍常用元器件的名称、用途、分类、参数及选用。

1.3.1　电阻器

电子在物体内作定向运动时会遇到阻力,物体的这种物理性质就称为电阻。在电路中,应用了电阻这种物理性质的元器件就称为电阻器,简称电阻。电阻是电路中应用最多的元器件之一,其主要作用是稳定和调节电路中的电压和电流,作为负载、分流器、分压器和限流器等,在电路中属于耗能的元件。另外,电阻器与电容器或电感器组合,还可以起到滤波或变换波形的作用,通常分为固定电阻器和可变电阻器两大类。可变电阻也称为电位器,其阻值可方便调整。电位器根据结构形式不同还分为旋转式、推拉式和直滑式,有些电位器还附有开关。电阻器用符号 R 表示,电阻器的基本单位为欧姆,简称欧（Ω）,常用的单位还有千欧（kΩ）和兆欧（MΩ），三者的换算关系是：1 MΩ＝1 000 kΩ，1 kΩ＝1 000 Ω。

常用电阻器的外形及其符号如图1-3-1所示。

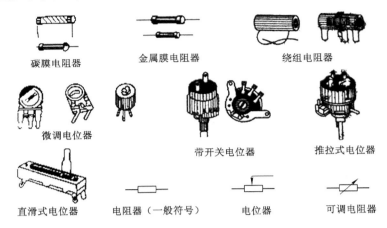

图1-3-1　常用电阻器的外形及符号

1.3.1.1　电阻器的命名

根据我国标准，电阻器、电位器的型号由五部分组成。其中，第一部分为主称，用字母"R"表示普通电阻器，用字母"W"表示电位器；第二部分为材料，用字母表示；第三部分为产品分类特征，用数字或者字母表示；第四部分为序号，用数字表示；第五部分为区别代号，用字母表示，可有可无。区别代号是当电阻器或电位器的主称、材料特征相同，而尺寸、性能指标有差别时，在序号后用A、B、C、D等字母予以区别。具体含义见表1-3-1。

表 1-3-1　　　　　　　　　　　　电阻器的型号各部分的含义

第一部分：主称		第二部分：电阻材料		第三部分：类型		第四部分：序号
字母	含义	字母	含义	符号	含义	用数字表示
R	电阻器	T	碳膜	0		用数字表示，对主称、材料、特征相同，仅尺寸、性能（包括额定功率、阻值、允许误差、精度等级等）指标稍有偏差，但不影响互换使用的产品，则标同一序号；若尺寸、性能指标的差别影响互换使用时，则要标不同序号加以区分
				1	普通	
		H	合成膜	2	普通	
		S	有机实芯	3	超高频	
		N	无机实芯	4	高阻	
R	电阻器	J	金属膜	5	高阻	
		Y	金属氧化膜	6		
		C	化学沉积膜	7	精密	
		I	玻璃釉膜	8	高压	
		X	绕线	9	特殊	
				G	高功率	
				W	微调	
				T	可调	
				D	多圈	

例如：

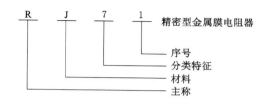

图 1-3-2　电阻器命名示例

1.3.1.2　电阻器的标志方法

电阻器标称阻值和允许误差一般都标在电阻体上，其标志方法有三种：直标法、数字法、色环法。

（1）直标法

将电阻器的型号、标称阻值、功率、允许误差及制造日期等参数直接写在电阻器表面上的标注方法称直标法。这种方法简单明了，但只适用于功率和体积较大的电阻器。

（2）数字法

将有效数字和倍率写在电阻器上，最后一位数字 n 表示 10 的 n 次方。例如 502 表示的电阻值为 50×10^2 Ω＝5 kΩ；3502 表示阻值为 350×10^2 Ω＝35 kΩ。

（3）色环法

电阻器的表面上印制不同颜色的色环，以表示电阻的阻值及允许误差的方法称为色环法，主要用于小型电阻。普通电阻采用四色环表示，其中前两个环表示 2 位有效数字，第三个环表示倍率，最后一个环表示误差，如图 1-3-3 所示。精密电阻采用五色环表示，其中前三个环表示有效数字，第四个环表示倍率，最后一个环表示误差，如图 1-3-4 所示。如果无误差等级标志，一律表示允许误差为 $\pm 20\%$。

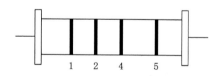

图 1-3-3　四色环标志法

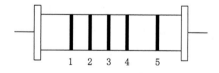

图 1-3-4　五色环标志法

电阻的色环位置和倍率关系如表 1-3-2 所示。

表 1-3-2　　　　　　　　　　　　　　色环颜色代号

颜色	有效数字	倍率	允许偏差/％
银色	/	$\times 10^{-2}$	± 10
金色	/	$\times 10^{-1}$	± 5
黑色	0	$\times 10^0$	/
棕色	1	$\times 10^1$	± 1
红色	2	$\times 10^2$	± 2

续表 1-3-2

颜色	有效数字	倍率	允许偏差/%
橙色	3	$\times 10^3$	/
黄色	4	$\times 10^4$	/
绿色	5	$\times 10^5$	±0.5
蓝色	6	$\times 10^6$	±0.2
紫色	7	$\times 10^7$	±0.1
灰色	8	$\times 10^8$	/
白色	9	$\times 10^9$	±5～−20
无色			±20

例：

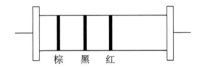

棕　黑　红

阻值为：$10 \times 10^2 = 1\ 000\ \Omega$，允许误差为：±10％。

采用色环法读数需要掌握的三个要点：

① 颜色的辨别：应特别注意某些颜色过于接近的色环，例如：棕色与红色，橙色与黄色，黄色与金色等之间的辨别。

② 误差色环的判断：通常离其他色环较远或离电阻器引线端较远的色环为误差色环；也可以通过色环的颜色来判断；若末端色环为黑、橙、黄、灰、白色，则该色环不是误差标志，而是第一位有效数字；若末端色环为金色或银色，应其为误差色环，则从另一端读起。

③ 读数方法：四色环的第三环表示前面数字乘以 10 的几次幂，而在五色环中则是第四环表示 10 的幂数。

1.3.1.3　电阻器的分类

电阻器的种类很多：① 按照导电体的结构特征分为实心电阻器、薄膜电阻器和线绕电阻器等；② 按电阻器的材料、结构又分为碳膜电阻器、金属氧化膜电阻器、线绕电阻器、热敏电阻器、压敏电阻器等；③ 按照各种电阻器的特性还可分为高精度、高稳定、高阻、高压、大功率、高频以及超小型等各种专用类型的电阻器。

1.3.1.4　电阻器的主要参数

电阻器的主要参数有标称值及允许误差、额定功率、温度特性、极限电压、噪声等。

（1）标称值

标称值是厂家标注在电阻上的阻值，实际电阻器的阻值不可能绝对等于标称值，总有一定的误差。普通电阻的误差分为 3 级，Ⅰ级允许误差±5％；Ⅱ级允许误差±10％；Ⅲ级允许误差±20％。一般精密电阻的误差在±0.1％～±1％范围。

（2）允许误差

电阻器的阻值范围很宽，一般常用电阻器的阻值可从 $10\ \Omega \sim 10\ M\Omega$。而实际阻值往往与标称阻值不完全相符,即存在误差。按照规定,电阻器的标称阻值应符合阻值系列所列数值。常用电阻器标称阻值系列见表 1-3-3。

表 1-3-3 　　　　　　　　　　　　　　**常用电阻器标称阻值表**

允许误差	标称阻值/($\times 10^n$ Ω(n 为整数))												
±7%(E$_{24}$ 系列)	1.0　1.1　1.2　1.3　1.5　1.6　1.8　2.0　2.2　2.4　2.5　3.0　3.3　3.6　3.9												
	4.3　4.7　5.1　5.6　6.2　6.8　7.5　8.2　9.1												
±10%(E$_{12}$ 系列)	1.0　1.2　1.5　1.8　2.2　2.5　3.3　3.9　4.7　5.6　6.8　8.2												
±20%(E$_6$ 系列)	1.3　1.5　2.2　3.3　4.7　6.8												

精密电阻器的精度等级分为±0.5%、±1%、±2%三个等级,普通电阻器的精度等级分为±5%、±10%和±20%三个等级。

（3）额定功率

额定功率是电阻器在直流或交流电路中长期连续工作所允许承受的最大功率。它的规格有 1/16 W、1/8 W、1/4 W、1/2 W、1 W、2 W、5 W、10 W 等。若电阻器上没有标注瓦数,其额定功率通常都小于 1/8 W。使用时选择电阻器的额定功率应大于实际功率的 1.5～2 倍以上。

（4）温度特性

当电流通过电阻时,电阻就会发热,其阻值也会随着发生变化。温度每变化 1 ℃时,阻值的变化量与原来的阻值之比就叫作电阻的温度系数。一般的电阻温度系数是在使用条件下,某一温度范围内的平均值,即

$$\rho_{iR} = \frac{R_1 - R_2}{R_1(t_1 - t_2)} \quad (1/℃)$$

式中,ρ_{iR} 为电阻的平均温度系数;t_1、t_2 为规定的两个温度;R_1、R_2 分别对应于 t_1、t_2 温度时的阻值,温度系数越小,说明电阻越稳定。

碳膜电阻有负的温度系数,温度升高,阻值减小,而其他类型电阻的温度系数有些为正,有些为负。

（5）精度等级

电阻器的实际阻值与规定阻值之间的偏差,称为电阻器的精度等级,它直接以允许偏差的百分数表示。常用的电阻器准确度如表 1-3-4 所示。

表 1-3-4 　　　　　　　　　　　　　　**常用电阻允许偏差等级**

允许偏差	±0.5%	±1%	±5%	±10%	±20%
精度等级	005	01	I	II	III

（6）最大工作电压

每个电阻器都有其最大的耐压程度,这一电压称为极限工作电压,也就是最大工作电压。临界阻值的大小是由电阻器的额定功率以及它的结构、外形尺寸等因素决定的。在实际使用时,若实际工作电压超过了电阻器的最大工作电压,则会导致电阻器的烧毁,极间击穿和飞弧等现象。

读者可以查阅有关手册对各参数进行详细了解。

1.3.1.5 电阻器的选用

电阻器的种类有很多,特点各不相同,而不同的电路对电阻器特性的要求也有所不同,为了能满足各种电路的实际要求,发挥各类电阻器的特性,合理选用电阻器就显得特别重要。

对于一般的电子线路和电子设备,可以选用普通的碳膜或碳质电阻器;对于高品质的扩音机、录音机、电视机等,应选用金属膜电阻或线绕电阻器;对于测量电路或仪表、仪器电路,应选用精密电阻器,以满足高精度的需要。在高频电路中,应选用表面型电阻或无感电阻。具体可以参考以下几点来选用合适的电阻器:

（1）电阻器的阻值

电阻器的阻值应根据电路实际需要的计算值来选择系列表中近似的标称值。若有高精度要求的,则应选择精密电阻器。如果标称值与所需阻值相差较大时,可通过电阻器的串、并联来解决。

（2）电阻器的误差

电阻器的误差要根据具体电路定。如在晶体管的偏置电路、时间常数的 RC 电路中,电阻器要尽量选误差小的,一般可选误差为 5% 的电阻器。对于退耦电路、反馈电路、滤波电路、负载电路等对误差的要求不太高的电路,可选用误差为 10%～20% 的电阻器。

（3）电阻器的额定功率

为了保证电阻器正常而不致烧毁,必须使其实际承受的功率不超过其额定功率,在实际应用中,通常选用额定功率大于实际承受功率两倍以上的电阻器,这样才能保证电阻器在电路中长期工作时的可靠性。

（4）电阻器的工作环境

在环境温度较高的条件下工作的电子设备,所用电阻器应选用金属膜电阻器或金属氧化膜电阻器,由于这两种电阻器都可在 125 ℃ 的高温下长期稳定的工作。

在日常使用电阻器的时候还应该注意以下几点:① 注意分析各种电阻器的特点、性能和价格。② 选用的电阻器的电阻值和精度符合标称阻值系列要求。③ 电阻器承受的负荷功耗与环境温度关系符合电阻器负荷特性曲线。④ 注意最高工作电压限制,防止电阻器发生击穿。⑤ 对于高频电路和低噪声电路中使用的电阻器应注意其频率特性和噪声特性。⑥ 若要求功率较大,应选用绕线电阻器。⑦ 当电阻器在脉冲状态下工作时,只要脉冲平均功率不大于额定功率即可。

1.3.1.6 电阻器的检测

（1）电阻器额定功率的简易判断

小型电阻器的额定功率一般在电阻体上并不标出。但根据电阻长度和直径大小是可以大致判断其额定功率值大小的。一般来说,长度越长,直径越粗的电阻器相对功率就越大。

（2）测量实际电阻值

① 将万用表的功能选择开关旋转到合适的挡位,调零后再进行测量(数字万用表无需调零)。并且在测量中每次变换手挡位后,都必须重新进行调零后再测量。

② 将两只表笔(不分正负)分别与电阻的两端相接即可测出实际电阻值。

（3）测量操作注意事项

① 测试时,特别是在测几十千欧以上阻值的电阻时,人体不要触及表笔和电阻的导电部分。

② 被检测的电阻必须从电路中拆焊下来,至少要焊开一端,以免电路中的其他元件对测试产生影响,造成测量误差。

③ 色环电阻的阻值虽然能以色环标志来确定,但在使用时最好还是用万用表测试一下其实际阻值。

1.3.2 电容器

电容器在电路中属于储能元件,主要用于隔直流、通交流、通高频、阻低频等。阻断直流的电容器称为隔直电容器;将高频和低频信号分开的电容器称为旁路电容器;级间耦合信号的电容器称为耦合电容器;滤除干扰信号的电容器称为滤波电容器;调整回路参数的电容器称为调谐电容器。常见的电容器的外形和图形符号如图 1-3-5 所示。电容器的基本单位为法拉,简称法(F),为了使用方便,电容常用毫法(mF)、微法(μF)、纳法(nF)和皮法(pF)等表示,它们之间的换算关系为:

$$1\ \text{mF}=10^{-3}\ \text{F}, \quad 1\ \mu\text{F}=10^{-6}\ \text{F}, \quad 1\ \text{nF}=10^{-9}\ \text{F}, \quad 1\ \text{pF}=10^{-12}\ \text{F}$$

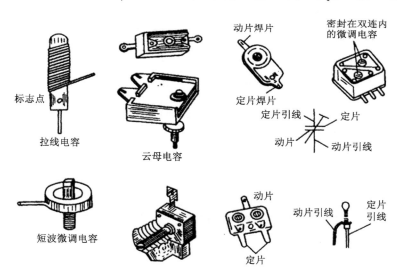

图 1-3-5 电容器的外形及图形符号

1.3.2.1 电容器的命名

国产电容器型号的命名和电阻器类似,由四部分组成,如图 1-3-6 所示。

图 1-3-6 电容器型号的命名

第一部分是主称,用字母表示(一般用 C 表示);第二部分用字母表示材料;第三部分用字母或数字表示特征;第四部分用数字表示序号。各部分具体含义见表1-3-5。

表1-3-5　　　　　　　　　　　　　　　　电容器各部分字母代号表

主称	材料		特　征					序　号
	字母	意义	数字或字母	意义				
				瓷介电容器	云母电容器	有机电容器	电解电容器	
C 电容器	A	钽电解						
	B	非有机薄膜	1	圆　形	非密封	非密封	箔式	
	C	高频陶瓷	2	管　形	非密封	非密封	箔式	
	D	铝电解	3	叠片	密封	密封	烧结粉非固体	
	E	其他材料	4	独石	密封	密封	烧结粉固体	数字表示,对主称、材料、特征相同,仅尺寸、性能指标稍有偏差,但不影响互换使用的产品,则标同一序号;若尺寸、性能指标的差别影响互换使用,则要标不同序号加以区分
	G	合金电解	5	穿心		穿心		
	H	纸膜复合	6	支柱				
	I	玻璃釉	7				无极性	
	J	金属化纸介	8	高压	高压	高压		
	L	极性有机薄膜	9			特殊	特殊	
	N	铌电解	C	高功率型				
	O	玻璃膜	T	叠片式				
	Q	漆膜	W	微调式				
	S	低频陶瓷	J	金属化型				
	T	低频陶瓷	Y	高压型				
	V	云母纸						
	X	云母纸						
	Y	云母						

例:

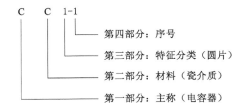

图1-3-7　CC1-1型圆片形瓷介微调电容器命名示例

1.3.2.2　电容器的标示

电容器容量的标示方法一般有直标法、文字符号法和色标法三种。

（1）直标法

直标法就是在电容器表面直接印上制造厂标志、型号、标称容量、允许误差、额定工作电压等。

（2）文字符号法

文字符号法是采用数字或字母与数字混合的方法来标注电容器的主要参数的方法。

① 3 位数字表示法

用 3 位数字表示容量的大小，单位为 pF，这种表示法最为常见。前两位为有效数字，第 3 位数字表示倍率，即乘以 10^n，若第三位数字为 9，则乘以 10^{-1}。如 203 代表 20×10^3 pF＝20 000 pF，又如 329 代表 32×10^{-1} pF＝3.2 pF。

② 4 位数字表示法

用大于 1 的四位数字表示，单位为 pF，如 3 400 表示为 3 400 pF；用小于 1 的数字表示，单位为 μF，如 0.32 表示 0.32 μF。

③ 字母与数字混合表示法

用 2～4 位数字和一个字母混合后表示电容的标称容量，其中数字表示有效值，字母表示数值的量级，常用字母有 m、μ、n、p 等。字母 m 表示毫法，μ 表示微法，n 表示纳法，p 表示皮法。

字母有时还表示小数点，如 1p5 表示 1.5 pF，1m5 表示 1.5 mF。

有的在数字前面加 R 或 P 等字母，表示零点几微法或零点几皮法，如 R33 表示 0.33 μF；P50 表示 0.5 pF。

（3）色标法

电容器的色标法与电阻器的色环法基本一样，都是在元件外表涂上不同的颜色，表示元件的标称值。电容器的色标法标注的容量单位一般为 pF，表 1-3-6 是各颜色所表示的具体的数字。

表 1-3-6　　　　色标法中各色所表示的意义

颜色	黑色	棕色	红色	橙色	黄色	绿色	蓝色	紫色	灰色	白色	金色	银色	无色
有效数字	0	1	2	3	4	5	6	7	8	9	—	—	—
允许误差/%	—	±1	±2	—	—	±0.5	0.25	0.1	—	-20～$+50$	±5	±10	±20
工作电压/V	4	6.3	10	16	25	32	4	50	63				
倍率	10^0	10^1	10^2	10^3	10^4	10^5	10^6	10^7	10^8	10^9	10^{-1}	10^{-2}	

电容器的色标法是沿着电容器引线方向，第一第二色带表示容量的有效数字，第三色带表示有效数字后面零的个数（倍率），第四色带表示允许误差。如遇到电容器色带的宽度为两个或三个色带宽度时，就表示这种颜色的两个或三个相同的数字。

1.3.2.3 电容器质量的简易判断

① 将电解电容器的两管脚短路进行放电，以免有剩余电荷。

② 选择合适的电阻表量程。量程与容量的关系，如表 1-3-7 所示。

③ 测试。用模拟万用表电阻量程的黑表笔接电解电容的正极，红表笔接负极。正常时表针应先向电阻小的方向摆动，然后逐渐返回直至无穷大处。若表针的摆动幅度越大或返回的速度越慢，说明电容器的容量越大，反之则说明其容量越小。注意，非电解电容器没有极性，对表笔测试无须规定。

表 1-3-7　　　　　　　　　　　　　**电阻表量程与电容量的关系**

电容量范围	电阻表量程
5 000 pF～1 μF	$R×10$ k
1～10 μF	$R×1$ k
10～470 μF	$R×100$
大于 1 000 μF	$R×1$

④ 判断。若表针指在中间某处不再变化,说明此电容漏电;若电阻指示值很小或接近 0 Ω,则表示此电容已击穿短路,不可以使用。若指针不动,说明电容器已经开路失效。

检测时注意,不要用手同时接触被测电容器的两极,以免将人体电阻并联到电容上而引起测量误差,甚至造成误判。

1.3.3　电位器

电位器是一种可调电阻器,也是电子电路中用途比较广泛的元件之一。它对外有三个引出端,其中两个为固定端,一个是中心抽头,即可调端。转动或调节电位器转轴,其中心抽头与固定端之间的电阻将发生变化。电位器的主要作用是调节电压和电流,经常在收音机、录音机、电视机等电子设备中用于调节音量、音调、亮度、对比度等。

1.3.3.1　电位器的命名

电位器的命名一般都是采用直标法,就是将电位器的型号、类别、标称电阻值和额定功率以字母、数字直接标示在电位器外壳上。电位器命名由 4 个部分组成,如图 1-3-8 所示。

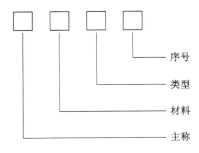

图 1-3-8　电位器命名组成部分

其中第一部分为主称,用字母 W 表示;第二部分为材料,用字母表示;第三部分为类型,用字母表示;第四部分为序号,用数字表示。各部分的具体含义如表 1-3-8 所示。

有时候还会标注出电位器的允许偏差,如表 1-3-9 所示。

有些电位器型号的第三部分用数字表示电位器的额定功率,其含义如表 1-3-10 所示。

例:若电位器标识为"WH5 47 kΩ－X",其中"W"表示电位器,"H"表示合成炭膜电位器;"5"表示该电位器的额定功率为 5 W,"47 kΩ"表示电阻值的大小,"X"表示允许偏差为±0.002%。

表 1-3-8　　　　　　　　　　　电位器型号各部分字母的含义

第一部分		第二部分		第三部分		第四部分
字母	意义	字母	意义	字母	意义	
W	电位器	J	金属膜	J	单圈旋转精密类	数字
		Y	氧化膜	D	多圈旋转精密类	
		X	线绕	Z	直滑式低功率类	
		D	导电塑料	M	直滑式精密类	
		H	合成炭膜	P	旋转功率类	
		F	复合膜	X	小型或旋转低功率类	
		T	炭膜	G	高压类	
		S	有机实心	H	组合类	
		N	无机实心	W	微调、螺杆驱动预调类	
		I	玻璃釉膜	R	耐热型	
				T	特殊型	
				B	片式类	
				Y	旋转预调类	

表 1-3-9　　　　　　　　　　电位器允许偏差的符号和意义对照表

符　号	意　义	符　号	意　义
Y	±0.001%	D	±0.5%
X	±0.002%	F	±1%
E	±0.005%	G	±2%
L	±0.01%	J	±5%
P	±0.02%	K	±10%
W	±0.05%	M	±20%
B	±0.1%	N	±30%
C	±0.25%		

表 1-3-10　　　　　　　电阻器型号的第三部分为数字时,所表示的额定功率

数字	0.25	0.5	1	1.5	2	2.5	3	5
功率/W	0.25	0.5	1	1.5	2	2.5	3	5

1.3.3.2　电位器的选用

（1）电位器结构和尺寸的选择

选用电位器时应注意尺寸大小、旋转轴柄的长短、轴上是否需要锁紧装置等。需要经常调节的电位器,应选择轴端铣成平面的,以便安装旋钮;不经常调整的电位器,可选择轴端带有刻槽的;一经调好就不再变动的电位器,一般选择带锁紧装置的。

（2）电位器额定功率的选择

电位器的额定功率可按固定电阻器的功率公式计算,但式中的电阻值应取电位器的最

大电阻值;电流值应取电阻值为最大时流过电位器的电流值。

（3）电位器阻值变化特性的选择

应根据用途选择,如音量控制电位器应选用指数式或用直线式代替,但不宜使用对数式;用作分压器时,应选用直线式;作音调控制时应选用对数式,或用其他形式代用,但效果较差。

另外,电位器还需选转轴旋转灵活,松紧适当,无机械噪声的。对于带开关的电位器还应检查开关是否良好。

1.3.3.3 电位器的检测

检查电位器时,首先要转动旋柄,看旋柄旋转时是否平滑,开关是否灵活,开关通、断时"喀哒"声是否清脆,并听一听电位器内部接触点和电阻体摩擦的声音,如有"沙沙"声说明质量不好。用万用表检测时,先根据被测电位器阻值的大小,选择好合适的电阻挡位,然后可按下述方法进行检测。

（1）测量电位器的标称阻值

用万用表的欧姆挡测电位器两固定端,其读数应为电位器的标称阻值。如万用表的指针不动或阻值相差很多,则表明该电位器已损坏。

（2）检测电位器的活动臂与电阻片的接触是否良好

用万用表的欧姆挡测量任意一个固定端和可调端之间的电阻,将电位器的转轴按逆时针方向旋至接近"关"的位置,这时电阻值越小越好。再顺时针慢慢旋转转轴,电阻值应逐渐增大,表头中的指针应平稳移动。当转轴旋至最大时,阻值应接近电位器的标称值。如万用表的指针在电位器的转轴转动过程中有跳动现象,说明活动触点接触不良。检测完毕后再检测另一个固定端和可调端,方法同上。

（3）测试开关的好坏

对于带有开关的电位器,检测时可用万用表的 R×1 挡测量两个开关金属片之间的通、断情况是否正常。

1.3.4 变压器

变压器是根据电磁感应原理,将两组或两组以上的绕组绕在同一个线圈骨架上,或绕在同一铁芯上制成的。改变其一次（初级）、二次（次级）绕组之间圈数比,可以改变两个绕组的电压比和电流比,实现电能或信号的传输与分配。其主要起降低交流电压、提升交流电压、信号耦合、变换交流阻抗、隔离、传输电能等作用。几种常用变压器的图形符号如图 1-3-9 所示。

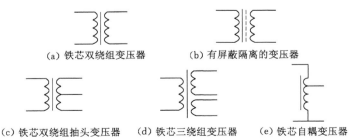

(a) 铁芯双绕组变压器　　(b) 有屏蔽隔离的变压器

(c) 铁芯双绕组抽头变压器　　(d) 铁芯三绕组变压器　　(e) 铁芯自耦变压器

图 1-3-9　常见变压器的图形符号

1.3.4.1　变压器的主要参数

变压器的种类很多,其作用各不相同,对各种参数的要求差异较大,下面主要介绍电源变压器的一些重要参数。

（1）额定功率

额定功率是指在规定的工作频率和电压下,变压器能长期稳定工作而不超过规定温度时的最大输出功率,额定功率中会有部分无功功率,故单位为 V·A,一般在数百伏安以下。

（2）变压比 K

变压比是指变压器初、次级绕组电压比。如果忽略了铁芯、线圈的损耗,此值近似等于初、次级绕组的匝数比,这个参数表明了该变压器是升压变压器还是降压变压器。$U_2/U_1 = N_2/N_1 = K$,其中 U_1 为初级绕组的输入交流电压,U_2 为次级绕组的输出交流电压。N_1 和 N_2 分别为变压器初、次级绕组的圈数。同时,电压又有空载电压比和负载电压比之分。

如果 $N_1 > N_2$,则 $U_1 > U_2$,即 $K < 1$,这种变压器称为降压变压器,反之,则称为升压变压器。如果变压器的次级侧接有负载,则初、次级绕组中就有电流 i_1 和 i_2。其关系式为:$i_1/i_2 = N_2/N_1 = K$。

（3）匝数比 n

变压器初级线圈的匝数 N_1 与次级线圈的匝数 N_2 之比称为匝数比,即 $n = N_1/N_2$。一般情况下,它就是输入电压与输出电压之比。

（4）阻抗变换关系

初级输入阻抗 Z_1 与次级负载阻抗 Z_2 的关系可由欧姆定律导出:$Z_1 = n^2 Z_2$。所以变压器有变换阻抗的作用。

（5）效率

变压器在有额定负载的情况下,输出功率和输入功率的比值,称为变压器的效率。设变压器的输入功率为 P_1,输出功率为 P_2,则变压器的效率为 $\eta = P_2/P_1 \times 100\%$。它与设计参数、材料、制造工艺及功率有关。通过 20 V·A 以下的变压器效率为 70%～80%,而 100 V·A 以上的变压器效率可达 95% 以上。一般电源、音频变压器考虑效率,中频、高频变压器不考虑效率。

（6）绝缘电阻

绝缘电阻是变压器线圈之间、线圈与铁芯之间以及引线之间的电阻。它反映变压器各绕组之间和各绕组与铁芯之间绝缘性能好坏的参数。如果电源变压器的绝缘电阻太低,就可能出现一、二次绕组间短路,造成电气设备的损坏、外壳带电的危险。对于电源变压器来说,绝缘电阻应在 10 MΩ 以上。它是施加的试验电压与产生的漏电流之比:绝缘电阻＝施加电压/漏电流。

1.3.4.2　变压器的选用及注意事项

选用电源变压器时应注意要与负载电路相匹配,电源变压器应留有功率余量,即输出功率应略大于负载电路的最大功率。一般电源电路采用 E 型铁芯,高保真音频功放的电源电路应选 C 型变压器或环形变压器。

中频变压器有固定的谐振频率,调幅收音机的中频变压器不能与调频收音机的中频变压器互换,同一收音机中中频变压器顺序不能装错,也不能随意调换。电视机中伴音中频变压器与图像中频变压器不能互换,选用时应选同型号、同规格的中频变压器,否则很难正常工作。

1.3.5 电感器

电感器是用漆包线在绝缘骨架上绕制而成的,它在电路中也是属于储能元件,用字母"L"表示。电感器是根据电磁感应原理制成的,可以起到通直流阻交流的作用。电感器常用在 LC 滤波、调谐放大器或振荡器中的谐振回路、均衡电路、去耦电路等。电感量的单位是亨利,简称亨,用字母 H 表示。常用的单位还有毫亨(mH)和微亨(μH),其关系为:1H$=1\,000$ mH$=1\,000\,000$ μH。

1.3.5.1 电感器的命名与标示

(1)电感器的命名

电感器线圈的型号由四部分组成。第一部分,主称,用字母表示,比如,用 L 表示线圈,XL 表示阻流圈,ZL 表示高频阻流圈;第二部分,特征,用字母表示,比如,用 G 表示高频;第三部分,型式,用字母表示,比如,用 X 表示小型;第四部分,区别代号,用字母 A、B、C 等表示。例如:LGX 表示小型高频电感线圈。

(2)电感器的标示

电感器的电感量的标示方法有直标法、文字符号法、色标法。

① 直标法:将电感器的标称电感量用数字和文字符号直接标示在电感器外壁上,电感量单位后面用一个英文字母表示其偏差,标称电感量的单位是 μH。

② 文字符号法:将电感器的标称值和允许偏差值用数字和文字符号按一定的规律组合标示在电感器体上。通常一些小功率的电感器会采用这种标示方法。

③ 色标法:与电阻器类似,在电感器表面涂上不同颜色的色环来表示电感量,目前我国生产的固定电感器一般不采用色标法标示电感量。

1.3.5.2 电感线圈的主要参数

① 电感量。是反映电感存储磁场能量的物理量,它的大小与电感线圈的匝数、几何尺寸、磁芯的磁导率有关。

② 品质因数。是指电感线圈中存储能量与消耗能量的比值,简称 Q 值,Q 值高表示电感器的损耗功率小,效率高。电感器的 Q 值一般为 $50\sim300$。

③ 额定电流。表示电感器长期工作而不损坏所允许通过的最大电流。它是高频、低频轭流线圈和大功率谐振线圈的重要参数。常用字母表示,各字母代表的意义见表 1-3-11. 实际使用电感线圈时,通过的电流一定要小于额定电流值,否则电感线圈将被烧毁或特性将被改变。

表 1-3-11   **电感线圈额定电流的代表字母及意义**

字母	A	B	C	D	E
意义	50 mA	150 mA	300 mA	0.7 A	1.6 A

④ 分布电容。是指线圈匝数间形成的电容,即由空气、导线的绝缘层、骨架所形成的电容。它降低了线圈的品质因数,通常希望分布电容越小越好。

⑤ 允许误差。是指电感器的实际电感量与额定电感量的比值乘以 100%,它标志着电

感线圈的电感精度,误差等级有±10%、±5%、±0.5%、±0.2%等。

⑥ 电感线圈的稳定性。是指电感线圈随外界的温度、湿度等因素的变化而自身的电感量、Q 值等参数也随之发生改变的程度。通常以其参数随温度等外界条件变化而变化的百分比来表示其稳定性的质量指标。

⑦ 感抗。电感线圈对交流电流阻碍作用的大小称为感抗,用符号 XL 表示,单位是欧姆(Ω)。它与电感量 L 和交流电频率 f 的关系为 $XL = 2\pi fL$。

1.3.5.3　电感器的检测

使用万用表的电阻挡,测量电感器的通断及电阻值大小,通常是可以对其好坏作出鉴别判断的。将指针式万用表置于 $R \times 1$ 挡,红、黑表笔各接电感器的任一引出端,此时指针应向右摆动。根据测出的电阻值大小,可具体分下述三种情况进行鉴别。

(1) 被测电感器电阻值为零

说明电感器内部线圈有短路性故障。注意测试操作时,一定要先认真将万用表调零,并仔细观察指针向右摆动的位置是否确实到达零位,以免造成误判。当怀疑电感器内部有短路性故障时,最好是用 $R \times 1$ 挡反复多测几次,这样才能做出正确的鉴别。

(2) 被测电感器有电阻值

电感器直流电阻值的大小与绕制电感器线圈所用的漆包线线径、绕制圈数有直接关系,线径越细,圈数越多,则电阻值越大。一般情况下用万用表 $R \times 1$ 挡测量,只要能测出电阻值,则可认为被测电感器是正常的。

(3) 被测电感器的电阻值为无穷大

这种现象比较容易区分,说明电感器内部的线圈或引出端与线圈接点处发生了断路性故障。

1.3.5.4　电感器的选用

按工作频率要求选择不同结构的电感线圈。用于音频段的一般要用带铁芯(硅钢片或坡莫合金)的电感器或低频铁氧体芯的电感器,在几百千赫到几兆赫的线圈最好用铁氧体芯,并以多股绝缘线绕制,这样可以提高 Q 值。在工作频率为几兆赫到几十兆赫的线圈时,线圈应选用单股镀银粗铜线绕制,磁芯要采用短波高频铁氧体,也常用空心线圈。在工作频率为一百兆赫以上时一般不能选用铁氧体芯,只能用空心线圈,如要作微调可用铜芯。

由于电感线圈的骨架材料与线圈的损耗有关系,因此用在高频电路里的线圈通常应选用损耗小的高频瓷作为骨架。对于要求不高的场合,可选用塑料、胶木和纸做骨架的电感器,尽管这样的电感器损耗稍大,但是它们价格低廉,制作简单,质量小。

1.3.6　半导体器件

1.3.6.1　二极管

半导体二极管是用半导体材料制成的具有单向导电特性的二端元器件,简称二极管。它具有导通时正向压降很小而在反向电压作用时导通电阻极大的特点,可用于整流、检波、限幅、钳位、稳压、开关、混频等电路中。

(1) 二极管的命名

不同公司生产的元器件命名方法各不相同,按照国标规定,晶体管的型号由以下五个部分组成:

第一部分:电极数目,用阿拉伯数字表示(2——二极管,3——三极管);第二部分:材料和极性,用汉语拼音字母表示;第三部分:类型,用汉语拼音字母表示;第四部分:序号,用阿拉伯数字表示;第五部分:规格,用汉语拼音字母表示。

注意:场效应管、半导体特殊器件、复合管等型号命名,只有第三、四、五部分。第四部分用数字表示器件的序号,序号不同的二极管、三极管其特性也不相同。第五部分用拼音字母表示规格号,序号相同、规格号不同的二极管、三极管特性差别不大,只是某个或某几个参数有所不同。二极管的种类很多,按材料可分为锗二极管和硅二极管两大类。锗管正向压降(约 $0.2 \sim 0.3$ V)比硅管压降(约 $0.5 \sim 0.8$ V)小,锗管反向漏电流比硅管大(锗管约为几百微安,硅管小于 1 微安),锗管允许的工作温度较低,硅管允许的工作温度较高。多数场合都选用硅管。

例如:2AP1 是 N 型锗材料制成的普通二极管、2CZ11D 是 N 型硅材料制成的整流管;3ADSOC 表示低频大功率 PNP 型锗管,3DG6E 表示高频小功率 NPN 型硅管。

（2）二极管的选择

选用二极管首先要根据用途来选择。如用作检波可以选择点接触型普通二极管;用作整流可选择面接触型普通二极管或整流二极管;如用作光电转换可选用光电二极管;在开关电路中选用开关二极管;在简易稳压器中选用稳压二极管等。

（3）二极管的参数

二极管的参数种类很多,常用的见表 1-3-12。

表 1-3-12   二极管参数名称和符号

符号	参数名称	符号	参数名称	符号	参数名称
I_F	正向电流	U_R	反向电压	U_P	峰点电压
I_{FM}	最大正向电流	U_{RM}	最大反向电压	U_V	谷点电压
I_O	整流电流	U_B	反向击穿电压	R_R	反向电阻
I_{OM}	最大整流电流	U_Z	稳定电压	R_Z	动态电阻
I_P	峰点电流	I_R	反向电流	C_i	结电容
I_V	谷点电流	I_{RM}	最大反向电流	t_{ff}	正向恢复时间
U_F	正向电压	I_E	稳定电流	t_{rr}	反向恢复时间
U_{FM}	最大正向电压	I_{ZM}	最大稳定电流	f	额定频率

下面介绍常用重要的几个参数:

① 额定正向工作电流

二极管的额定正向工作电流也称最大整流电流,是指二极管长期连续正常工作时允许通过的最大正向电流值,用 I_{OM} 表示。在实际使用时,电路的最大电流不能超过此值,否则可使 PN 结温度超过额定值(锗管为 80 ℃、硅管为 150 ℃),从而使二极管过热甚至烧毁。

② 最高反向工作电压

最高反向工作电压是指二极管正常工作时,避免击穿所能承受的最高反向电压值,用 U_{RM} 表示。它一般为击穿电压的一半,如实际工作电压的峰值超过此值,PN 结中的反向电流将急剧增加而使整流特性改变,甚至烧毁二极管。

③ 反向饱和漏电流

反向饱和漏电流是指在二极管两端加反向电压时所流过二极管的电流,其原因是载流子的漂移作用,使得二极管截止时仍有反向电流通过 PN 结,该电流与半导体材料、反向电压的大小和实际温度有关,用 I_{RM} 表示。当反向电压为最高反向工作电压时,反向电流即为最大值。二极管的 I_{RM} 越小,质量越好。

④ 最高工作频率

由于 PN 结的结电容存在,当工作频率超过某一特定数值时,二极管的单向导电性将变差,我们称这一特定数值为最高工作频率,用 f_M 表示。点接触式二极管的 f_M 较高,在 100 MHz 以上,整流二极管的 f_M 较低,一般不高于几千赫兹。

⑤ 反向恢复时间

反向恢复时间是指二极管由导通突然反向时,反向电流由很大衰减到接近某一特定数值时所需要的时间,用 t_{rr} 表示。大功率开关管工作在高频开关状态时,此项指标至为重要。

(4) 数字万用表检测二极管

① 用二极管挡判定引脚的正、负极

对于不知引脚极性的二极管,数字万用表可以很准确地进行判定。将数字万用表拨至二极管挡,此时红表笔带正电,黑表笔带负电。用两支表笔分别接触二极管的两个引脚:若显示值在 1 V 以下,说明管子处于正向导通状态,红表笔接的是正极,黑表笔接的是负极;若显示溢出符号"1",证明管子处于反向截止状态,黑表笔接的是正极,红表笔接的是负极。

② 判断二极管的好坏

使用数字万用表的二极管挡,将红表笔接二极管的正极,黑表笔接负极,所测得的为其正向压降。测试常用的整流二极管、检波二极管和开关二极管等普通二极管时,正常情况下,硅二极管的正向压降为 0.5~0.7 V,反偏时应显示溢出符号"1";锗二极管的正向压降为 0.15~0.3 V,反偏时溢出。测量时,若正反向均显示"0",则表明被测二极管已经击穿短路;而如果正反向都显示溢出符号"1",则表明二极管内部开路;若测得结果与正常数值相差较大,则表明二极管性能不佳。如果检波二极管的正向压降偏大,则将影响其检波性能,反偏时测得压降 2 V 以下的管子,则不能使用。对于整流二极管,若正向压降较小,其本身功耗也就较小,工作时的温升相对就较低,这种管子可提高整流效率。

1.3.6.2 晶体三极管

三极管的命名同二极管的命名,都由五部分组成:第一部分,用数字表示器件的电极数目;第二部分,用汉语拼音字母表示器件的材料和极性;第三部分,用汉语拼音字母表示器件的类别;第四部分,用数字表示器件的序号;第五部分,用汉语拼音字母表示规格型号。可详见有关手册。

(1) 晶体三极管的结构分类及符号

晶体三极管又称双极型晶体管(BJT),内含两个 PN 结,三个导电区域。从三个导电区引出三根电极,分别为集电极 c、基极 b 和发射极 e,它的基本结构示意图及电路符号如图 1-3-10 所示,(a)图为 NPN 型三极管,(b)图为 PNP 型三极管。

三极管的种类很多,按半导体材料不同分为锗型和硅型三极管;按功率不同可分为小功率、中功率和大功率三极管;按工作频率不同可分为低频管、高频管和超高频管;按用途不同可分为放大管、开关管、阻尼管、达林顿管等。三极管的封装形式有玻璃封装、金属封装和塑料封装,其外形如图 1-3-11 所示。三极管的用途非常广泛,主要用于各类放大、开关、限幅、恒流、有源滤波等电路中。

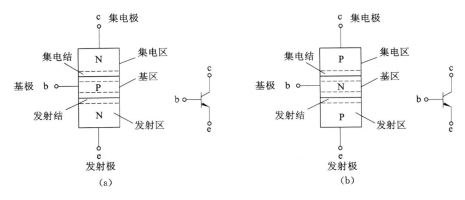

图 1-3-10   晶体管的结构示意图和图形符号

(a) NPN;(b) PNP

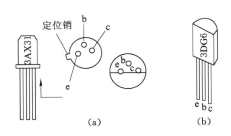

图 1-3-11   三极管的外形图

(2) 三极管的参数

三极管的参数是用来表征管子性能优劣和适应范围的,也是选用的依据,三极管的参数较多,最常用到的有如下参数:

① 电流放大系数 β。

三极管在共发射极接法时的电流放大系数有直流电流放大系数和交流电流放大系数之分。在工程设计时,常用 β 表示,产品手册中用 h_{fe} 表示。β 的离散性很大,一般在 20~200 范围之内。β 值大,电路增益大,但容易产生自激,所以必须根据电路参数恰当选择 β 值,一般选择 50~120 范围内较好。

② 极间反向电流 I_{CBO},I_{CEO}。

集电极—基极反向饱和电流 I_{CBO} 表示发射极开路。c,b 间加上一定反向电压时的集电极电流,又称穿透电流。这两个电流要求越小越好。

③ 集电极最大允许电流 I_{CM}。

I_{CM} 是指三极管的参数变化不超过允许值时集电极允许的最大电流。电路工作时,集电极的最大工作电流不能大于 I_{CM},否则,三极管的性能将显著下降,甚至烧坏管子。

④ 集电极最大允许功耗 P_{CM}。

P_{CM} 表示集电极上允许损耗功率的最大值,超过此值就会使管子性能变坏甚至烧坏。

有时为了提高 P_{CM} 或者避免集电极上损耗功率超过 P_{CM},常加散热装置。

⑤ 反向击穿电压 $V_{(BR)EBO}$,$V_{(BR)CBO}$,$V_{(BR)CEO}$。

三极管的反向击穿电压有集电极开路时发射极—基极间的反向击穿电压 $V_{(BR)EBO}$、发射极开路时集电极—基极间的反向击穿电压 $V_{(BR)CBO}$、基极开路时集电极—发射极间的反向击穿电压 $V_{(BR)CEO}$。在实际使用时,电路中各极之间的反向工作电压都必须小于上述的反向击穿电压值,否则将导致三极管永久性损坏。

三极管的其他参数可以查手册得到。

（3）三极管的选择和使用

首先根据三极管的用途选择合适的类型,确定型号,确保在使用时不能超过它的极限参数,并留有一定的余量。

三极管在使用前,一定要进行性能指标测试。可以用专门的测试仪器测试,也可以用万用表测试。三极管在安装时,首先要正确地判断三个管脚,注意电源的极性,NPN 管的发射极对其他是负电位,而 PNP 管则应是正电位。三极管的型号和脚管排列可从有关手册和管子的标志来确定,但有时管子上的标志丢失,就需要用万用表来判别三极管的类型和区分三个电极。方法如下:

将指针万用表置于 $R×100$ 或 $R×1k$ 挡位,红表笔任意接触一个电极,黑表笔依次接另外两个电极,分别测量它们之间的电阻值。当红表笔接触某一电极,其余两电极与该电极间均为几百欧姆,则该管为 PNP 型三极管,红表笔所接触的为 b 极。若以黑表笔为基准,即将两只表笔对调后,重复上述方法。若同时出现低电阻的情况,则该管为 NPN 型三极管,黑表笔所接触的为 b 极。若不能出现上述测量结果,或者电极之间正反向测量均为无穷大或很小,则表明三极管之间断路或短路。

在判别出类型和基极 b 之后,再任意假定一个电极为 e 极,另一个为 c 极。对于 PNP 型管用红表笔接 c 极,黑表笔接 e 极,同时用手捏住管子 b,c 极,观察万用表指针摆动幅度,按此法对调红、黑表笔,比较两次测量表针摆动的幅度,摆动较大的那一次,黑表笔接的是 c 极,而红表笔接的是 e 极。对于 NPN 型管,摆动较大那一次,黑表笔接的是 c 极,而红表笔接的是 e 极。用这种方法也能初步判断三极管电流放大系数 $β$ 值的大小,摆动越大,三极管的 $β$ 值越大。特殊类型三极管如阻尼管、达林顿管不能按上述方法来判断类型及引脚,必须根据其内部结构特点去判断。

设计、安装、维修电子电路,选用和更换三极管时,必须注意以下几个方面问题。

① 小功率管不能代替中、大功率管,反向击穿电压低的管子不能代替高反压管,低频管不能代替高频管。

② 在高频电路中,有的三极管有四个引出脚,除 b,e,c 三个电极外,第四个是"地线",有屏蔽作用。

③ 安装、拆卸三极管,焊接速度要快,防止时间太长、温度过高而把三极管烧坏。

一些和三极管外形完全相同的特殊半导体器件,如单结晶体管、晶闸管、三端稳压管、场效应管等,不能简单地混为晶体三极管,也不能用万用表测量三个电极之间电阻来判断其好坏。此时,必须用专用仪器或管子上的标志来鉴别是何种类型的晶体管。

1.3.6.3　集成电路

集成电路是用半导体工艺或薄、厚膜工艺,将晶体管、电阻及电容器等元器件按电路的要求,共同制作在一块半导体或绝缘基体上,再封装进一个便于安装、焊接的外壳内,构成一个完整的具有一定功能的电子电路。这种在结构上形成紧密联系的整体电路,称为集成电路。与分立元器件组成的电路相比,具有体积小、重量轻、引线短、焊点少、可靠性高、功耗低、使用方便、成本低等优点,并已广泛应用于计算机、通信系统、电子仪器仪表、工业自动化控制系统及航空航天等电子设备中,还广泛应用于电视机、录像机、收录机及电子表等消费类电子设备中。集成电路常用代号 IC 来表示。

集成电路的种类很多。其中,最常用的是双列直插式集成电路芯片。

引脚识别:

不论 IC 是扁平、双列直插或是单列直插等封装形式,其外壳上多数都有供识别引脚排序的定位(或称第 1 脚)标记。对于扁平封装,一般在器件正面的一端标上小圆点(或小圆圈、色点)作为标记。塑封双列直插式 IC 的定位标记通常是弧形凹口、圆形凹坑或小圆圈。进口 IC 的标记花样更多,有色线、黑点、方形色环、双色环等。在数字 IC 的扁平封装与双列直插式塑料封装中,常见引脚的定位标记如图 1-3-12 所示。其中 1-3-12(c)是采用陶瓷封装的双列直插式数字集成电路,它采用金属片与色点双重标记。

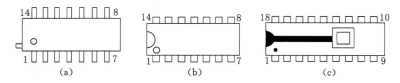

图 1-3-12 扁平封装与双列直插式塑料封装引脚定位图

识别数字 IC 引脚的方法是将 IC 正面的字母、代号正对着自己,使定位标记朝左下方,则最左下方的引脚是第 1 脚,再按逆时针方向依次数引脚,便是第 2 脚、第 3 脚等。如图 1-3-13(a)、(b)所示是模拟 IC 的定位标记及引脚排序,情况与数字 IC 相似。模拟 IC 有少部分引脚排序较特殊,如图 1-3-13(c)、(d)所示。

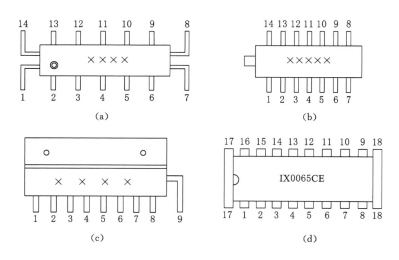

图 1-3-13 模拟 IC 的定位标记及引脚排序

各种单列直插 IC 的引脚排序如图 1-3-14 所示。数引脚时把 IC 的引脚向下，这时定位标记在左面（与双列直插一样），从左向右数，就得到引脚的排列序号。

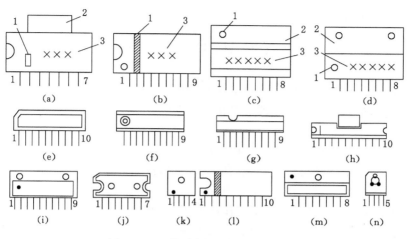

图 1-3-14　单列直插 IC 的引脚排序

有些进口 IC 电路的引脚排序是反向的。这类 IC 的型号后面带有后缀字母"R"。型号后面无"R"的是正向型引脚，有"R"的是反向型引脚，如图 1-3-15 所示。例如 M5115 和 M5115RO、HA1339A 和 HA1339AR、HA1366W 和 HA1366AR，前者是正向引脚型，后者是反向引脚型。识别这类 IC 的引脚数应加以注意。

四列扁平封装式 IC 电路引脚很多，常为大规模集成电路所采用，其引脚的标记与排序如图 1-3-16 所示。

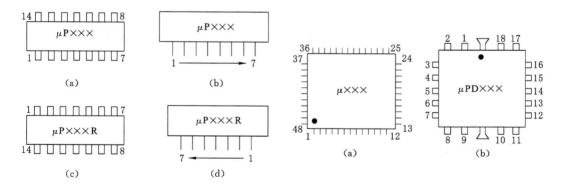

图 1-3-15　正向和反向 IC 的引脚排序　　　　图 1-3-16　四列扁平封装 IC 的引脚排序

1.4　实验测量误差与数据的分析处理

在测量中无论所用测量仪器多么精密，测量方法多么完善，测量过程多么仔细，所得测量结果都不可能与实际值完全一致。这种因诸多因素限制而造成的测量结果与被测量的实际值之间的差异称为测量误差，简称误差。研究测量误差，就是研究产生误差的原因、性质以及如何正确处理测量误差,以使人们在实验过程中尽量减少误差,使实验结果更精确,是实验过程中非常重要的环节之一。

1.4.1 测量的有关术语

测量是指以确定被测对象的量值为目的而进行的实验过程。它的相关术语有:

（1）真值

真值是在特定条件下,被测量对象本身所具有的真实数值。从测量角度讲,真值是很难被确切获知的,它被认为是一个客观的存在。

（2）额定值

额定值是厂家按照一定标准生产器件或设备所给定的数值,一般直接标注在产品或技术说明书上,它是用来指导用户正确使用电气设备的技术指标。

（3）实际值

实际值是电气设备在一定条件下工作所获得的数值。受外界多种因素的限制,电气设备的实际值会发生变化而偏离额定值。只要电气设备的实际值在额定值允许的范围内变化,都认为电气设备能够正常工作。

（4）理论值

理论值是在电路已知参数的条件下,通过电路定理或公式求解所得到的响应数值。当电路元器件参数为真值时,理论值就可以看作是真值。

（5）测量值

测量值是通过实验方法,由测量仪器仪表来直接获取的数据。测量值并不等于真值,它们之间会存在误差。

（6）精确度

精确度是在重复测量同一系统时所得结果互相一致的程度,反映了随机误差的影响情况。也可以认为是在一定条件下进行多次测量时所得结果彼此符合的程度。

（7）准确度

准确度是测量结果与被测量的真值的接近程度,它反映了系统误差和随机误差的综合影响程度,即准确度有时也用相对误差来表示。量具的等级或级别也常用准确度来表示。

（8）外部特性

对于电路器件、电气设备或某部分电路的功能而言,两个相关物理量之间的关系就称为外部特性。比如两个物理量是电压与电流的关系,就称为伏安特性。

（9）负载效应

当一个装置接到另一个装置上并发生能量交换时,就会发生两种现象:一是前一装置的连接处甚至整个装置的状态和输出都将发生变化;二是两个装置共同形成一个新的整体,虽然它们仍然保留着各装置的某些主要特征,但整体的激励与响应关系发生了变化。那么,一个装置接入了另一装置所产生的影响,就称为负载效应。

1.4.2 测量误差及误差的消除

1.4.2.1 测量误差的分类

测量误差根据其性质和来源可以分为系统误差、随机误差和粗误差三类。

（1）系统误差

系统误差是指在相同条件下重复测量同一个量时所出现误差的绝对值和符号保持不变，或按一定规律变化的误差。系统误差产生的原因主要是仪器仪表的制造、安装、使用方法不当，测量环境不同或读数方法等，但它具有恒定性和变化时的固定规律性，因此可以准确地计算和预测。在实验过程中，如通过实验及分析，查明误差原因，可以减少或消除误差。

（2）随机误差

随机误差也称为偶然误差，是指在测量过程中误差的大小和符号都不固定，由于一些偶发性因素所引起的误差，这种事先不能预测的误差称为随机误差。它主要由一些偶然的因素产生。通常这类误差的变化规律很难发现，一般不能用实验方法消除。但在大量的重复测量中，可以发现随机误差符合正态分布规律，可采用统计的方法进行估算。最简单的方法就是多次测量取平均值，随着测量次数的增加，随机误差的算术平均值越来越小甚至趋近于零，所以多次测量结果求算术平均值将更接近于真值。产生随机误差的原因有：测量用的仪器仪表之间的配合不符合要求，测量人员读数的无规律，电源电压的频繁波动，电磁场干扰等。

（3）粗误差

粗误差又称为疏忽误差，也称为过失误差，是由于操作者的粗忽大意而造成的误差。比如测量方法的错误或不当，读数错误，记录数据错误等。此外，测量条件的突然改变也会出现粗误差。此类误差没有规律可循，只要细心操作，加强责任感，是完全可以避免的。但是，一旦确认测量值中含有粗误差，则该测量值就被称为坏值或异常值，应予以剔除。

1.4.2.2　测量误差的表示

测量误差的表示方法由三种：绝对误差，相对误差，引用误差。

（1）绝对误差

绝对误差是指测量值 A 和被测量的真值 A_0 之间的差值，用 ΔA 表示：

$$\Delta A = |A - A_0| \tag{1-4-1}$$

由于被测量的真值一般是无法得到的，只能尽量逼近，所以在实际应用中，一般用高一级标准仪器所测量的实际值来代替真值。绝对误差反映了测量值与实际值的偏离程度和偏离方向，但不能说明测量的准确程度。

［例 1］　用一个标准电压表校准两个电压表，用标准电压表测量电路中某一电阻上的电压为 68 V，而用电压表 1 和电压表 2 测量时，读数分别为 68.3 V 和 67.5 V，求两表的绝对误差。

［解］　电压表 1 的绝对误差为：

$$\Delta A = |A - A_0| = |68.3 - 68| \text{ V} = 0.3 \text{ V}$$

电压表 2 的绝对误差为：

$$\Delta A = |A - A_0| = |67.5 - 68| \text{ V} = 0.5 \text{ V}$$

从两电压表的绝对误差可以看出，电压表 1 的测量比电压表 2 的要准确。

（2）相对误差

绝对误差往往难以确切地表示测量结果的准确程度。比如，第一只电压表测量 100 V 电压的 $\Delta A_1 = 2$ V，而第二只电压表测量 10 V 电压的 $\Delta A_2 = 0.5$ V。可见 $\Delta A_1 > \Delta A_2$，但 ΔA_1 实际只占该测量数据的 2%，而 ΔA_2 却占该测量数据的 5%。那么是何种误差对测量数据的影响更大呢？这需要从相对误差来研究。

相对误差 γ_A 是绝对误差与被测量值之间的比值,通常用百分数表示。即

$$\gamma_A = \frac{\Delta A}{A_0} \times 100\% \approx \frac{\Delta A}{A} \times 100\% \tag{1-4-2}$$

至此可知,上述例子的 $\gamma_{A1} = 2\%$,$\gamma_{A2} = 5\%$,显然后者的相对误差对测量数据的影响更大。在工程上要求计算测量结果时,大多用相对误差来反映误差程度,因为它方便、直观,相对误差越小,测量的准确度就越高。

（3）引用误差

相对误差可以较好地反映测量的准确度,但不能说明仪器本身的准确性。在连续刻度的仪表中,用相对误差来表示仪表在整个量程内的准确度就不太合适,因为对不同的真值,同一仪表的绝对误差相同,而相对误差却不同。为此引入引用误差的表达。

引用误差是指绝对误差 ΔA 与仪表测量上限 A_m 的比值,通常用百分数表示:

$$\gamma_m = \frac{\Delta A}{A_m} \times 100\% \tag{1-4-3}$$

仪表的测量上限是一个常数,而仪表的绝对误差又基本上不变,对某一个仪表来说,引用误差就近似为一个常数,因而可用引用误差来表示仪表的准确度。引用误差事实上就是测量的真值为仪表最大测量上限时的相对误差。

国家标准规定用最大引用误差来表示仪表的准确度等级,准确度等级用 K 来表示:

$$\pm K\% = \frac{\Delta A_m}{A_m} \times 100\% \tag{1-4-4}$$

准确度等级为仪表测量时的最大绝对误差与仪表测量上限的比值的 100 倍。

$K = 0 \sim 0.1$ 为 0.1 级仪表。类似地,K 分为 0.1、0.2、0.5、1.0、1.5、2.5、5.0 七个等级,分别用来表示它们的引用误差所不超过的百分比。如 $s = 0.5$,表明 γ_m 不超过 $\pm 0.5\%$,即 $|\gamma_m| \leqslant 0.5\%$。对满量程为同一个大小的仪表来说,仪表等级越小,仪表测量越准确。

1.4.2.3 测量误差的减小与消除

（1）误差产生的原因

① 仪器误差。这是由于仪器本身的性能决定的。

② 操作误差。在仪器使用过程中,由于量程使用不当等造成的误差。

③ 读数误差。由于人的感觉器官的限制所造成的误差。

④ 理论误差。也称为方法误差,是由于使用的测量方法不完善而引起的误差。比如实验过程中使用了近似计算公式或忽略了某些分布参数等。

⑤ 环境误差。受环境温度、湿度、电磁场等影响而产生的误差。

（2）测量误差的消除

要想测量过程能准确进行,应尽量减小或消除测量误差,所以在进行测量之前,必须预先估计所有产生误差的根源,有针对性地采取相应的措施加以处理,才能测得更接近被测量的真值。

① 系统误差的消除

a. 修正误差。在测量之前,应对测量所用仪器仪表用更高一级标准仪器进行检定,从而确定它们的修正值,而实际值＝修正值＋测量值,通过修正值消除仪表误差。

b. 消除误差来源。在进行测量之前,测量者应对整个测量过程及测量装置进行必要的

分析和研究,找出可能产生系统误差的原因,在测量之前对产生误差的因素采取一些必要的措施,使这些因素得到消除或削弱。

②　随机误差的消除

随机误差的特点是在多次测量中,误差绝对值的波动有一定的界限,正负误差出现的机会相同。根据统计学的知识分析可知,当测量次数足够多时,随机误差的算术平均值趋近于零。因此,取多次测量值的平均值的方法可以用来消除随机误差。

③　粗误差的消除

凡是由于偶然疏忽所造成的误差,数据就明显的与实际值相差甚远,这种由于疏忽所测得的数据均应该在处理数据时处理掉。

综上所述,三种误差同时存在的情况下,对于粗误差的测量值首先应剔除;对于随机误差采用统计学求平均值的方法来消除它的影响;对于系统误差,在进行测量之前,必须预先估计一切产生系统误差的根源,有针对性地采取相应的措施来消除系统误差,比如对仪器仪表进行校正,配置适当的仪器仪表,选择合理的测量方法等。

1.4.3　测量结果的处理

测量结果一般用数字或曲线来表示,被记录下来的一些数据还需要经过适当的处理和计算才能反映出事物的内在规律,称为测量数据处理。对于用数字表示的测量结果,在进行数据处理时,除了注意有效值的正确取舍外,还应制定出合理的数据处理方法,以减少测量过程中随机误差的影响。对于用图形表示的测量结果,应考虑坐标的选择和正确的作图方法以及对所作图形的评定等。

1.4.3.1　测量结果的数据处理

（1）有效数字

实验中从仪表上读取的数值的位数,取决于测量仪表的精度。由于存在误差,测量的数据总是近似值,读数通常由"可靠数字"和"欠准数字"两部分组成,统称为有效数字。对于刻度式仪表,一般认为,在仪表最小刻度上直接读出的数值是"可靠数字",最小刻度以下还能再估读一位,这一位数字是"欠准数字",所以读数的最后一位数字是仪表精度所决定的估计数字,一般为测量仪表最小刻度的十分之一。有效数字是指从左边第一个不为零的数字开始,直到右边最后一个数字为止的所有数字,小数点的位置不影响有效数字的位数。例如,用量程 100 mA 的电流表去测量某支路电流时,读数是 72.4 mA,前两位"72"为可靠数字,最后一位"4"为欠准数字,有效数字的个数是 3 个,而 0.0724 的有效数字个数也为 3 个,72.40 的有效数字却为 4 个。

（2）数据的运算

①　在记录测量数值时,只保留一位有效数字。

②　当有效数字位数确定后,采用"小于 5 则舍,大于 5 则入,正好等于 5 则奇数变偶数"的原则。如 3.48 保留两位有效数字为 3.5,而 3.43 保留两位有效数字为 3.4。

③　对多个数据进行加减运算时,对于参加运算的多个数据,应保留的有效数字应以各数中小数点后位数最少的那个数为准,如果没有小数点,则以有效数字位数最小的数为准,其余各位数均舍入至比该数多一位。而运算结果应保留的小数点后的位数应与参与运算的各数中小数点后位数最少的那个数相同。如对 18.23、1.2、15.367 三个数字相加,应写为:

$18.23+1.2+15.37=34.8$。

④ 对多个数据进行乘除运算时,以参与运算数据中有效数字位数最小的那个数为准,其余各数均舍入到比该数多一位,而计算结果应与参加运算数据中有效数字位数最小的相同。

⑤ 将数据平方或开方时,若作为中间运算结果,可比原数多保留一位。比如,$\sqrt{2.7}=1.64$。

⑥ 对参与运算的 e、π、$\sqrt{2}$ 等常数,可取比按有效数字运算规则规定的多保留一位。

⑦ 为防止多次舍入引起计算误差,当有多个数据参加运算时,在运算中途应比按有效数字运算规则规定的多保留一位,但运算的最后结果这一位仍应作舍入处理。

1.4.3.2 测量结果的曲线处理

测量结果用曲线表示往往更形象、更直观,但由于各种误差的存在,如果将实际测量的数据直接连接起来,得到的将不是一条光滑的曲线,而是呈波动的折线。而实验曲线的绘制,是将测量的离散数据绘制成一条连续光滑的曲线,并使其误差尽可能小。在绘制实验曲线时,应注意以下几点:

（1）合理选择坐标和坐标的分度,标明坐标代表的物理量和单位

实验中最常用的是直角坐标系,一般横坐标代表自变量,纵坐标代表因变量。横坐标和纵坐标的分度可以取值不一样。

（2）合理选择测量点的数量

测量点的数量应根据曲线的具体形状而定,对于曲线变化平坦的部分,可以少取几个测量点,而曲线变化较大的部分或某些重要的细节部分,应多测量一些点。各测量点的间隔也要合理,以便能绘制出符合实际情况的曲线。

（3）修匀曲线

修匀曲线就是应用误差理论,把因各种因素引起的曲线波动抹平,使曲线变得光滑均匀。常用的方法有直觉法和分组平均法。

① 直觉法:是在精度要求不高或者测量点的离散程度不太大时,先将各测量点用折线相连,然后用曲线板凭直觉使曲线变得光滑。这种方法在作图时,不要求曲线通过每一个测试点,而是从整体上看,曲线尽可能靠近各数据点,且曲线两边的数据基本相等,即各数据点均匀、随机地分布在曲线的两侧,并且曲线是光滑的。

② 分组平均法:适用于测量点的离散程度较大的测量。方法是将测量点分成若干组,每组包含 2～4 个测量点,分别求出各组数据的几何重心的坐标,再将这些重心连成一条光滑曲线。由于取重心的过程是取平均值的过程,所以分组平均法可以减小随机误差的影响。在一般情况下,采用分组平均法时,如果曲线斜率变化较大或变化规律较重要的地方可分得细一些,而曲线较为平坦的地方相对分得粗一些。

第 2 章　常用电工电子测量仪器

本章对电工电子技术实验中常用的直流稳压电源、万用表、函数信号发生器、交流毫伏表、示波器、兆欧表、钳形表、功率表、电度表等仪器仪表进行了介绍，本章所讲内容受篇幅限制，学生在学习该部分知识时需要参考本书配套教材以及其他相关书籍。仪器仪表的使用熟练程度是掌握实验基本技能的直接体现。建议学生要很好地掌握电工电子测量仪器的使用方法，通过理论课学习以及现场操作训练相结合，最终达到融会贯通、举一反三的效果。

本章实验教学课时建议为 6～8 学时，视实际情况而定。本章内容可以在课堂上集中授课和操作实习，也可以结合不同实验任务进行穿插讲解和使用。

2.1　直流稳压电源

直流稳压电源是一种为电路提供能源的设备。当输入交流电压，输出可以调整为稳定的直流电压。当电源电压波动和负载变化时可以保证输出的电压基本不变。在输出形式上，它分为直流电压源和直流电流源；在结构形式上，它分为串联型直流电源和开关型直流电源等几种。实验室中使用的简易稳压电源通常是双路稳压电源，可同时输出两路可调的直流稳压电源。

2.1.1　直流稳压电源的工作原理

直流稳压电源是一种在电网电压或负载变化时能够自动调整并保证输出电压基本不变的装置。首先由变压器将电网供给的 220 V/50 Hz 的交流电压变换成幅度合适的交流电压，然后由整流电路将交流电压变换成直流脉动电压，滤波电路将脉动电压中的纹波分量滤掉，再经过稳压电路输出稳定的直流电压。直流稳压电源的基本原理图如图 2-1-1 所示。

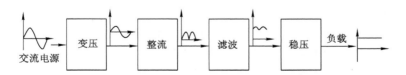

图 2-1-1　直流稳压电源原理框图

稳压电源中常用的整流滤波电路为桥式整流电容滤波，稳压电路通常为串联型晶体管稳压电路和集成稳压电路。

2.1.2 直流稳压电源的使用方法及注意事项

2.1.2.1 使用方法

双路直流稳压电源的主要功能是稳压、稳流。稳压、稳流两种工作状态可随负载的变化自动切换,还可实现主、从两路电源的串联、并联、主从跟踪等功能。因而它有独立、跟踪、串联和并联四种工作方式。

(1)面板控制键功能

各种品牌型号的稳压电源面板结构都类似,主要有:

① 电源开关;

② 电路输出接线端子及各自的调节旋钮;

③ 电压/电流表:指示输出电压/输出电流及表头功能选择键,置"V"时,表头为电压指示,置"I"时,表头为电流指示;

④ "跟踪/独立"工作方式选择按钮:置"独立"时,两路输出各自独立,置"跟踪"时,两路为串联跟踪工作方式;

⑤ 接地端子:机器外壳接地端。

(2)输出工作方式

① 独立工作方式:将"跟踪/独立"工作方式选择开关置于"独立",即可得到两路输出相互独立的电源,见图 2-1-2。

② 串联工作方式:将"跟踪/独立"工作方式选择开关置于"跟踪",并将主路负接线端子与从路正接线端子用导线连接,连接方式见图 2-1-3。此时两路所置电流应略大于使用电流。

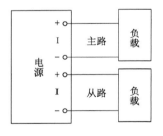
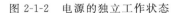
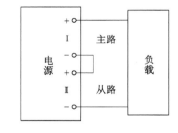

图 2-1-2 电源的独立工作状态   图 2-1-3 电源的串联工作状态

③ 跟踪工作方式:将"跟踪/独立"工作方式选择开关置于"跟踪"位置时,将主路负接线端与从路正接线端连接,连接方式见图 2-1-4,可以得到一组电压相同极性相反的电源输出,此时两路预置电流应略大于使用电流。电压由主路控制。

④ 并联工作方式:将"跟踪/独立"工作方式选择开关置于"独立"位置,分别将两正接线端,两负接线端连接,连接方式如图 2-1-5 所示,可得到一组电流为两路电流之和的输出。

2.1.2.2 使用注意事项

在使用简易直流稳压电源时要注意以下问题:

(1)使用前要仔细阅读技术说明书了解使用方法;

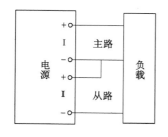

图 2-1-4　电源的跟踪工作状态

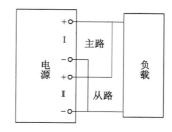

图 2-1-5　电源的并联工作状态

（2）仪器通电前，必须保证供电电压置于仪器的规定值，保护导体必须与保护端子连接；

（3）电源插头必须插入接有保护接地点的电源插座中；

（4）更换保险丝时，只能使用规定类型及额定电流的保险丝，不允许使用临时代用保险丝或将保险丝管短接；

（5）仪器出现故障维修时，必须将仪器电源断开。

2.2　万用表

万用表在电工电子测量仪器仪表中是应用最广泛的一种测量仪表，是一种多功能、多量程的便携式测量仪表，它可以方便地进行直流电压、直流电流、交流电压、交流电流、电阻等的测量，有的万用表还可以用来测量电容、电感、三极管的直流放大倍数等。根据测量结果的不同显示方式，可以将万用表分为指针式和数字式两大类，也有台式和便携式。不同类型的万用表的功能及用法基本上都是相同的。

2.2.1　万用表简介

2.2.1.1　数字式万用表

数字式万用表是利用模拟数字（A/D）转换原理，将被测的模拟量先转换为数字量，再经过计算和数据处理，最后以数字形式显示测量结果的一种测量仪表。它显示的位数和准确度是两个重要的指标。

实验室一般选用 $3\frac{1}{2}$ 位和 $4\frac{1}{2}$ 位两种数字万用表。其中"$\frac{1}{2}$"即半位是指显示器最高只能显示"1"或不显示，而不能像其他位那样可显示"0～9"中的任一数字。例如 $3\frac{1}{2}$ 位显示的最大数为 1999 或 −1999。数字万用表具有很高的准确度，低挡数字万用表的准确度为 0.5 级，中挡数字万用表的准确度为 0.1 级，高挡数字万用表的准确度为 0.005～0.00005 级。根据分辨率大致可以了解仪表的准确度。分辨率是指所能显示的最小数字（零除外）与最大显示数字的百分比。例如 $4\frac{1}{2}$ 位仪表的分辨率为 0.000 5％，说明 $4\frac{1}{2}$ 位万用表的准确度可以达到 0.000 5 级。一般来讲，显示的位数多，准确度就高。但仪表显示的位数并不等于准确度,它还与其他因素有关。所以同样的显示位数,准确度也有差别。

数字式万用表面板如图 2-2-1 所示,各部分作用如下。

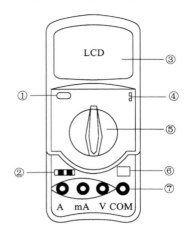

图 2-2-1　数字式万用表面板结构

该数字式万用表为 UT-51~55 系列万用表,该表的前面板主要包括:

① 电源开关。电源开关为按键开关,按下开关电源接通。

② 电容测试座。UT-55 型表不具有测电容的功能。

③ 液晶显示器。采用 FE 型大字号 LCD 显示器,最大显示值为 1999 或 -1999。仪表具有自动调零和自动显示极性功能。如果被测电压或电流的极性为负,则在显示值前面出现负号,当电池不足时,则显示屏左下方会出现"电池"符号。超量程时,显示"1"或"-1",视被测电量的极性而定。小数点由量程开关进行同步控制,使小数点左移或右移。

④ 温度测试座。UT-51 型不具有此功能。

⑤ 功能开关。所有量程与种类选择均由一个旋转开关完成,根据被测信号的大小,将量程开关置于所需的挡位即可。

⑥ 晶体管插口。采用四芯插座,上面标有 E、B、C、E 孔 8 个,在内部连通,可测量晶体三极管参数值。

⑦ 输入插孔。

2.2.1.2　指针式万用表

不同类型的指针式万用表,其表面上的旋钮和开关的布局虽然不同,但旋钮和开关的基本功能却大致相同,主要由表盘及指针、机器调零器、量程选择旋钮、测量输入插孔等构成。实验室常用的指针式万用表的面板结构如图 2-2-2 所示。

指针式万用表的指示值一般不是被测量的数值,要经过指针读数、计算仪表常数和换算过程,才可以得到测量结果。

(1) 指针读数

它是直接读出仪表指针所指的刻度标尺值,用格数(div)表示。图 2-2-3 所示是指针在均匀标度尺上读取有效数字的示意图,量程均选择 30 V 挡。其中,图 2-2-3(a)是 18.6 div,有效数字位数为 3 位;图 2-2-3(b)是 116.0 div,有效数字位数为 4 位。测量时应先记录上述指针读数。

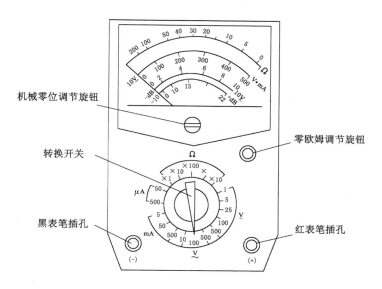

图 2-2-2　指针式万用表的面板结构

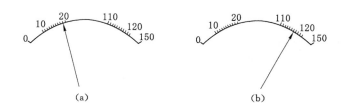

图 2-2-3　从指针式万用表上读取数字

（a）测量第一个电压的指示情况；（b）测量第二个电压的指示情况

（2）计算仪表常数

在指针式仪表的刻度标度尺上每分格所代表的被测量的大小称为仪表常数，记为 C_α。它的指针仪表选择的量程 X_m 与刻度尺的满刻度格数 α_m 有关，即：

$$C_\alpha = \frac{X_m}{\alpha_m} \tag{2-2-1}$$

在图 2-2-3 中，由于 X_m 都选取 30 V，且满刻度读数都是 150，则 C_α 为：

$$C_\alpha = \frac{X_m}{\alpha_m} = \frac{30 \text{ V}}{150 \text{ div}} = 0.2 \text{ V/div}$$

值得注意的是，对于同一仪表如果选择的量程或刻度尺不同，则仪表常数也不同。

（3）换算过程

$$Y = \text{div} \times C_\alpha \tag{2-2-2}$$

式中，Y 表示被测数据；div 表示指针读数；C_α 表示仪表常数。

那么，对于图 2-2-3（a），指针所处位置的测量数据为：

$$U_1 = 18.6 \text{ div} \times 0.2 \text{ V/div} = 3.72 \text{ V}$$

同理,可得到图 2-2-3(b)的测量数据为

$$U_2 = 116.0 \text{ div} \times 0.2 \text{ V/div} = 23.20 \text{ V}$$

换算时要注意,测量数据的有效数字位数应与仪表读数有效位数一致。

指针式万用表的使用方法同数字式万用表基本一致。有以下注意事项:

① 使用前先检查指针的起始位置,若不在零位上,可旋转表盘盖上的机械调零旋钮,使指针指在零点位置。

② 指针式万用表每次更换电阻量程进行测量之前,都必须先进行电阻调零。方法是将表笔短接,若指针不指在 0 位置,应调整"Ω 调零旋钮",使指针指在零处。注意,测量电阻时的读数方法与电压、电流均不同。被测得电阻值等于电阻刻度线上的度数乘以量程开关的倍率。例如,测量某电阻用 $R \times 10$ 量程,指针指在电阻刻度线上 12 的位置,则被测电阻为 $12 \times 10 \ \Omega = 120 \ \Omega$。

当指针式万用表在电阻量程挡时,其黑表笔为电池的正极,红表笔为电池的负极。用它来测量半导体二极管的正、反向电阻的接法,与数字式万用表的电源极性相反。

2.2.2　万用表使用方法

① 在使用万用表之前,要熟悉量程转换开关、旋钮、按钮、插座、插孔的作用及使用方法。

② 测量前要明确测量什么和测量方法,然后将量程转换开关置于相应的测量项目和量程挡位。若事先无法估计被测量项目的大小,应先把量程转换开关置于最高挡,然后再逐渐减小量程至合适挡位。在测量高电压(220 V)或大电流(0.5 A 以上)时,若需改变量程,一定要将表笔脱离电路,以免损坏万用表。每一次测量之前,都应该核对一下测量目的及量程转换开关是否置于对应位置。

③ 测量电流时,若电源内阻和负载电阻都很小,则应尽量选择较大的电流量程,以降低万用表的内阻,减小对被测电路工作状态的影响;测量电压时,若电源内阻较高,则应尽量选择较大的电压量程,因为量程越大,内阻也越高。测直流电流时,应特别注意被测电路的正负极性。

④ 测量电压时,要准确判断被测电路两端电压的极性。若误用交流电压挡测量直流电压,则测量结果可能比实际直流电压要高或为零。若误用直流电压挡去测量交流电压,则表针不动,或微微抖动。被测电路两端电压大于 100 V 时,应注意人身安全。要预先把一支表笔固定在被测电路的公共地端,用另一支表笔去碰触测试点;要养成单手操作的习惯。在测量高压时,必须使用带鳄鱼夹的高绝缘的表笔,以便固定,确保安全。

⑤ 在测量电阻时,要选择合适的量程挡,并一定要进行欧姆调零工作。要特别注意的是,每更换一次欧姆量程挡,都要重新调零一次。若连续使用 $R \times 1$ 挡时间较长,则应随时重新调零。若欧姆调零电位器向右旋转至最大,表针仍达不到零,即说明电池电压不足,应更换新电池。

切忌带电测量线路内元件的电阻,这样不但测量不出电阻阻值,还将烧坏万用表。应关掉电源,至少使元件一端与电路断开(对晶体三极管,至少断开两个电极),再进行测量。

测量电阻、电容时,切忌用两手捏住表笔两端金属部分和电阻或电容引线部分,这样会

使人体电阻与被测电阻或电容并联引起测量误差,尤其是高阻值电阻和小容量电容。

在测量大容量电解电容之前,应使正负两极引线短路放电,以防止内存电荷放电打弯表针。

⑥ 在测量晶体管、电解电容等有极性的元器件等效电阻时,必须注意两表笔的极性。在电阻挡,正表笔接表内电池负极,而负表笔接表内电池正极。表笔接反,测量结果就不对。

⑦ 测量有感抗的电路中的电压时,应在关掉电源之前先把万用表断开,以防由于自感现象产生的高压损坏万用表。

⑧ 万用表暂时不用,应把量程转换开关置于电压最高挡,以防下次使用时不慎损坏万用表。千万不能置于电阻挡,以防止两表笔短路,使表内电池消耗过快。万用表长期不用应取出电池,以防止电池存放过久变质,泄漏出的电解液腐蚀表内电路板及元器件。

2.3　函数信号发生器

函数信号发生器实际上是一种多波形信号源,能产生正弦波、矩形波、三角波、锯齿波以及各种脉冲信号等波形,输出电压的大小和频率都能方便地进行调节。由于其输出波形均可以用数学函数描述,因而称为函数信号发生器。

目前,函数信号发生器的输出频率范围达到了 0.000 5 Hz～50 MHz,除了作为信号源使用外,一般的函数信号发生器都具有频率计数和显示功能,既能显示自身输出信号的频率也能测量外来信号的频率。有些函数信号发生器还具备调制和扫频等功能。

2.3.1　函数信号发生器的工作原理

函数信号发生器原理框图如图 2-3-1 所示,虽然图中所示方波由三角波通过方波变换电路变换而成,实际电路中,三角波和方波的产生是很难分开的,方波形成电路通常是三角波发生器的组成部分。正弦波是三角波通过正弦波形成电路变换而来的。所需波形经过选取、放大后经衰减器输出。

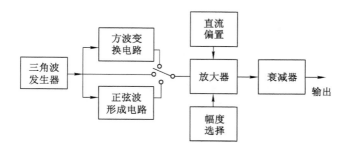

图 2-3-1　函数信号发生器原理框图

直流偏置电路提供一个直流补偿调整,使函数信号发生器输出的直流成分可以进行调节,如图 2-3-2 所示为调节直流偏置具有不同直流成分的方波波形的影响。

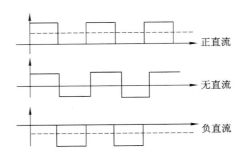

图 2-3-2 调节直流偏置对波形的影响

2.3.2 函数信号发生器的使用方法

（1）面板结构

各种品牌和型号的函数信号发生器面板结构大同小异，主要有：

① 电源开关。

② 信号输出接线端子。函数信号发生器产生的波形由此端输出，最好通过屏蔽线接至需用信号的电路。

③ 输出信号幅度调节旋钮，分粗调和微调。粗调通常用不同的按键选择衰减倍数实现，微调通过调整电位器实现。

④ 输出信号频率调节旋钮，分粗调和微调。粗调通常用不同的按键选择倍率实现，微调通过调整电位器实现。

⑤ 输出波形选择按钮。

⑥ 信号频率显示。选择"内测"，显示输出信号频率；选择"外测"，显示输入信号频率。

⑦ 信号峰—峰值显示。选择"内测"，显示输出信号峰—峰值；选择"外测"，显示输入信号峰—峰值。

⑧ 输入信号接线端子。函数信号发生器当作频率计使用时，待测信号自此端输入，此时，显示部分应选择"外测"。

另外，有些函数信号发生器还有直流偏移、占空比调节等旋钮，应阅读使用说明书，正确操作。

（2）使用方法

① 检查电源电压是否满足仪器的要求（220±22 V）。

② 将占空比控制开关、电压输出衰减开关、电平控制开关、频率测量内/外开关均置于常态（未按下）；波形选择开关按下某一键；频率范围选择开关按下某一键；输出幅度调节旋钮置于适中位置。

③ 将电压输出插座与示波器 Y 轴输入端相连。

④ 开启电源开关，LED 屏幕上有数字显示，示波器上可观察到信号波形，此时说明函数信号发生器正常工作。

⑤ 按照所需要的信号频率，按下频率范围选择开关按键，然后调节频率微调旋钮，通过 LED 屏上显示的频率观察，使频率符合要求为止。

⑥ 调节输出幅度调节旋钮。可改变输出电压的幅度,首先选择适当的衰减倍数按键,再调整微调旋钮,通过 LED 屏观察输出大小,使幅度符合要求为止。

⑦ 若需输出信号具有某一大小的直流分量,则将电平控制开关按下,调节电平调节旋钮即可。若需调整信号的对称性或占空比,则应按下占空比/对称度选择开关,调节占空比/对称度调节旋钮,可使方波变为占空比可以变化的脉冲波,或者使三角波变为斜波。

⑧ TTL 输出。TTL 输出端可以有方波或脉冲波输出,产生方法同上。输出信号的频率可以改变,而信号的高电平、低电平固定,分别是 3 V 和 0 V。

⑨ 外测频率。将需要测量频率的外部信号接至外测信号输入插座,按下频率测量内/外开关,指示灯亮,此时 LED 屏幕上显示的数值即为被测信号的频率。

2.4　交流毫伏表

2.4.1　工作原理

交流毫伏表是用于测量正弦交流电压有效值的一种交流电压表。与一般的万用表比较,它的最大特点是灵敏度高,可测量毫伏级的微弱电压;频率范围宽,一般可达几赫到几兆赫;输入阻抗高,约为兆欧级。因此它在对毫伏数量级的电压进行测量中,是必不可少的常用测量仪器。交流毫伏表通常由衰减器、放大电路、检波电路、指示电路四部分组成,被测电压先经过衰减器减到适宜交流放大器输入的数值,再经交流电压放大器放大,最后经过检波电路检波,得到直流电压,由表头指示数值的大小。需要注意的是,交流毫伏表的面板是按正弦交流电压有效值进行刻度的,因此只能测量正弦交流电压的有效值,当测量非正弦电压时,其读数没有直接的意义。交流毫伏表的工作原理框图如图 2-4-1 所示。

图 2-4-1　交流毫伏表的工作原理框图

2.4.2　使用方法

(1) 面板控制键

① 电源开关;

② 输入接线端子:待测信号由此端输入,最好通过屏蔽线接到待测信号;

③ 量程选择旋钮:该旋钮用于选择仪表的满刻度值;

④ 机械调零螺丝:用于机械调零;

⑤ 电源指示灯。

(2) 使用及注意事项

① 准备工作。将毫伏表垂直放置在水平工作台上,在未接通电源的情况下,检查一下

电表的指针是否归零,若有偏差,则调节机械调零旋钮使指针归零。

② 接通电源,进行电气调零。将输入线的两个接线端短接,并使量程开关处于合适挡位上,再调节电气调零旋钮使表头指针指示为零,然后断开两接线端进行测量。在使用中,每改变一次量程都应重新进行电气调零。有的毫伏表具有自校零功能,因此可以不进行电气调零。

③ 根据被测信号的大小选择合适的量程,无法预知被测量信号的大小时先用大量程挡,逐渐减小量程至合适挡位。

④ 量程为 1×10^n 的,读数时读从上往下数的第一根刻度线,量程为 3×10^n 的读第二根刻度线。

⑤ 毫伏表是不平衡式仪表,测量端的两个夹子是不同的,黑夹子必须接被测电路的公共地,红夹子接被测试点。接拆电路时注意顺序,测量时先接黑夹子,然后接红夹子,测量完毕,先拆红夹子,后拆黑夹子。

⑥ 由于毫伏表的灵敏度很高,输入端感应的信号就能使表针满偏,因此不用时应将量程置于 3 V 以上挡;测试过程中需要改换测试点时,应先将量程置于 3 V 以上挡,然后移动红夹子,红夹子接好之后再选择合适的量程;使用完毕将量程置于 3 V 以上挡后,再断开电源。

2.5 示波器

示波器是一种能在示波管屏幕上显示出电信号变化曲线的仪器,它不但能像电压表、电流表那样读出被测信号的幅度,还能像频率计、相位计那样测试信号的频率和相位,而且还能用来观察信号的失真和脉冲波形的各种参数等。它的测量灵敏度高、过载能力强、输入阻抗高。示波器可分为模拟示波器和数字存储示波器两大类。根据其检测信号的带宽,示波器可分为通用示波器、高频示波器、取样示波器,它们可检测的信号带宽依次升高。大多数示波器都具备同时检测两路信号的功能。实验室常用的双踪通用示波器,可以通过两个通道同时输入两个信号进行测量比较。

2.5.1 示波器基本结构

示波器的类型很多,从用途和特点可分为模拟示波器、数字存储示波器、取样示波器、记忆示波器等。虽然上述示波器的功能不同,但它们的基本原理大致相同。图 2-5-1 所示为 YB43020B 型普通示波器的面板结构,下面先介绍其主要元件的名称和功能。

示波器的种类不同,开关旋钮的数量以及在面板上的位置也有所差别,但归纳起来大致可以划分为主机、Y 通道、X 通道和触发控制四大部分。下面分别加以介绍。

(1)主机部分

它由示波管和电源等部分组成,面板上的主要元件包括 1(电源开关)、2(辉度旋钮)、3(聚焦旋钮)、4(光迹旋转)、5(校准信号源)等部分。其主要功能是使屏幕上显示清晰的电压波形。

① 显示屏幕 24。它用于将输入的电信号变换为直观的波形显示出来,并且在屏幕上分布有垂直基线(Y)和水平基线(X),便于测量波形的参数。

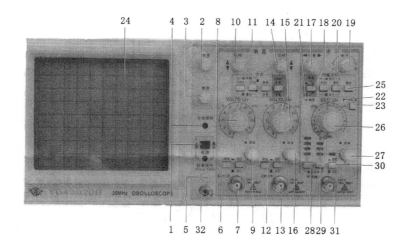

图 2-5-1　YB43020B 型普通示波器的面板结构

② 电源开关(Power)。接通和切断仪器的电源。接通时,电源指示灯亮。

③ 辉度(Intensity)。控制显示波形的亮度,顺调时波形变亮,反调则变暗。

④ 聚焦(Focus)。改变显示波形的清晰度,有的示波器还有辅助聚焦调节。

⑤ 光迹旋转(Trace Rotation)。调整水平扫描线的角度,通常使其与水平基线重合。

⑥ 校准信号输出端(Probe Adjust)。提供峰—峰值为 0.5 V 的 1 kHz 方波,作为校准示波器的标准信号源。

（2）Y 通道部分

有 Y_1 和 Y_2 结构相同的两个通道,可以同时观察两路波形。面板上的主要元件包括 7 和 13（输入端口）、6 和 12（耦合方式）、10 和 14（Y 轴位移）、8 和 15（Y 轴衰减）、9 和 16（Y 轴微调）、11（Y 轴工作方式）等部分。其主要功能是使显示的输入信号波形具有合适的幅度和垂直位置。

① 输入端口(CH1、CH2)。用于输入被测信号,一般使用示波器的探头连接。实现示波器探头与示波器输入端的阻抗匹配,以减少对被测负载的影响。为便于测量,大部分探头都有×1 和×10 两种衰减倍率。在×10 位置,被测信号的幅值衰减 10 倍。探头的"钩子"用于连接信号端,探头的"夹子"(黑色)用于连接公共端,两者不能搞混,以免当信号源和示波器共地时造成短路。

② Y 轴耦合方式(DC-AC、GND)。按下 DC-AC 开关为 DC 耦合方式,由 Y_1 和 Y_2 通道输入的信号直接输入到示波器;弹出 DC-AC 开关为 AC 耦合方式,仅将被测信号中的交流成分输入到示波器,直流成分被隔断。按下 GND 开关,可将输入信号短接,仅可显示扫描线,主要用于调节水平扫描线的起始位置。

③ Y 轴工作方式选择(CH1-CH2、断续-交替、CH2 反相-常态)。按下 CH1 或 CH2 中的某个按钮,对应的 Y(单踪)通道工作;CH1 和 CH2 按钮都按下时,两个通道都工作,可显示双踪信号波形。在双踪状态下,按下"断续-交替"按钮,两个通道都工作在"断续"方式,适用于对低频信号的观察和测量;其他情况一般选择"交替"方式,即弹出"断续-交替"按钮,使

显示屏交替显示 CH1 或 CH2 的波形。按下"CH2 反相-常态"按钮,可使 CH2 的波形与输入信号的相位反相 $180°$;一般置于"常态",即将"CH2 反相-常态"按钮弹出。

④ Y 轴衰减(Volts/div)。Y_1 和 Y_2 通道的衰减(有的称为增益或灵敏度)分别控制,用于调节 Y 轴电压的幅度,常以 V/div 分挡级调整。

⑤ Y 轴微调(Variable)。Y_1 和 Y_2 通道的微调分别控制,主要用于校准信号的幅度。在需要定量测量电压幅度时应将其逆时针旋到底,使其指示灯熄灭而处于关闭状态。

⑥ Y 位移(Position↕)。Y_1 和 Y_2 通道的位移分别控制,可使显示的双踪波形分别在垂直方向上移动。

(3) X 通道部分

它的主要元件包括 17(X 位移)、26(扫描范围)、27(扫描微调)、23(扩展)、22(扩展指示)等部分。其主要功能是使示波管显示的扫描线具有适合的周期及水平位置,能够将观察的信号波形在水平方向上展开。

① X 轴位移(Position↔)。可使显示的波形在水平方向上移动。

② 扫描范围(Sec/div)。用于选择扫描周期,提供 s/div、ms/div、μs/div 范围的多个调整挡级。除了扫描周期的挡位之外,该旋钮逆时针旋到底是"X-Y"挡,可用于观察李沙育图形。

③ 扫描微调(Variable)。用于微调扫描周期,主要用于校准信号周期。在需要定量测量信号周期时应将其逆时针旋到底,使其指示灯熄灭而处于关闭状态。

④ 扩展控制(MAG)。可将显示的波形在水平方向上扩展 5 倍,便于观察波形的细节。

(4) 触发控制部分

它的主要元件包括 28(触发源选择)、29(同步源选择)、30(外触发耦合方式)、31(外触发输入端口)、18(触发极性)、20(扫描方式)、19(电平)、21(触发指示)等部分。其中触发选择还包括"触发源"选择和触发"耦合方式"选择,而"电平"通常与"扫描方式"配合调节。触发控制部分的主要功能是使显示的波形稳定。

① 触发源选择。提供有 4 种触发源,当选中某一触发源时,对应的指示灯亮。"CH1"触发源取自 CH1 通道的输入信号;"CH2"触发源取自 CH2 通道的输入信号;"交替"在双踪交替显示时,触发器交替取自 Y_1 和 Y_2 通道,用于同时观察两路不相关的信号;"外接"触发源取自外触发输入端口的外来信号。

② 同步源选择。"常态"用于对一般常规信号的观察和测量,在电工学实验中通常置于此处;"TV－V"用于观察电视场信号;"TV－H"用于观察电视行信号;"电源"用于与市信号同步。

③ 外触发耦合方式(AC/DC)。应当选择外触发源且外触发信号频率很低时,应按下 AC/DC 开关处于 DC 方式,其他情况应弹出该开关,即置于 AC 位置。

④ 外触发输入端口,用于输入外触发信号。

⑤ 触发极性。用于改变触发信号的极性,按下该开关时,可使显示的波形反相 $180°$。

⑥ 扫描方式与电平调节。用于控制扫描信号的产生方式。只按下"自动"开关,示波器自动扫描,屏幕上可显示水平扫描线,一旦有触发信号输入,电路自动转换为触发扫描装备,调节"电平"旋钮可使波形稳定显示,此方式适合观察频率在 50 Hz 以上的信号;只按下"常态"开关,在无信号输入时,屏幕上没有扫描线显示,当有信号输入时,且触发"电平"旋钮在

合适位置上,即"触发"指示灯亮,电路才被触发扫描,在被测信号频率低于 50 Hz 时,必须选择该方式;同时按下"自动"和"常态"开关时,称为"锁定",此时无须调节电平旋钮即可使波形稳定显示;当同时弹出"自动"和"常态"开关时,称为"单次",用于产生单次扫描,此时按动"复位"键,扫描电路处于等待状态,只有当触发信号输入时,只产生一次扫描,下次扫描需再次按动复位按键和输入触发信号。

2.5.2　一般使用方法

（1）光迹调节

接通电源,电源指示灯亮,预热数秒后,当触发方式选择"自动"时,屏幕上会显示光迹（点）;否则,可按配合调节"辉度"、"Y 位移"、"X 位移"以及"聚焦"旋钮的前后顺序,使出现的光迹合适。只要"扫描范围"不在"$X-Y$"位置或"s"的刻度上,屏幕上通常显示的是扫描线,而不是光点。

（2）扫描线调节

先按下 Y 轴耦合方式的"GND"和扫描方式的"自动"开关,再分别调节"辉度"、"Y 位移"、"X 位移"、"聚焦"和"扫描范围"按钮,使水平基线的扫描速率、亮度和位置都合适。为了准确测量波形的周期,可将扫描线调节到与水平基线重合,即扫描线居中。如果扫描线倾斜,可用螺丝刀调节"光旋按钮"使其平直。然后弹出"GND"开关,以便于输入信号。

（3）观察信号波形

首先从 CH1 和 CH2 端口输入被测信号,将 Y 轴耦合方式置于"AC"（或"DC"）位置,调节"Y 轴衰减"旋钮以及探头的"倍率"开关,使屏幕的 Y 轴上出现 2～5 div（格）的信号幅度。再调节"扫描范围"旋钮,使屏幕的 X 轴上显示 1～5 个周期的信号波形。在此过程中,若不能正常显示波形,有两种常见的现象和检查方法。

① 看不到 Y 轴波形（信号幅度）。主要检查"GND"开关是否弹出,输入连接是否正确可靠、输入幅度是否过大、Y 轴衰减旋钮或 Y 轴位移调节是否不当。

② 若波形不稳定或不出现时,应着重检查扫描方式和触发选择。其中扫描方式应为"锁定",触发源不能置于"外接",触发耦合方式置于"常态"。以上选择正常时,还应检查扫描周期和 X 轴位移是否合适。

（4）测量信号幅度

在观察信号波形的基础上,应将 Y 微调旋钮关闭处于"校准",并调节"Y 位移",使波形幅度的底（或顶）部与水平刻度线重合,然后计算出波形在 Y 轴上从底部到顶部之间的格数（高度）,记为 Ydiv,再看清此时 Y 衰减旋钮的刻度值,记为 Y/div,再看清此时 Y 衰减旋钮的刻度值,记为 V/div,则该信号的 U_{P-P}（峰—峰值）为

$$U_{P-P} = Y\text{div} \times V/\text{div} \times 倍率$$

其中,倍率由探头上的开关位置确定,分别为 ×1,或者 ×10,V/div 是指 Y 轴的衰减量程（刻度）;U_{P-P} 的单位与 Y 轴衰减旋钮 V/div 所选择的量程单位一致。

若被测量的信号为正弦波,则信号幅度为 U_{P-P} 的一半;若被测量的信号为方波,则幅度与 U_{P-P} 相等。由此还可以换算求得它们的有效值。

（5）测量信号周期

在测量信号幅度的基础上,可调节"X"位移,使波形周期的起（或终）点与垂直刻度线重

合,关闭扫描微调开关使其处于"校准",(注:有"扩展"开关的也应弹出),然后计算出波形在 X 轴上从一个周期的起点到终点之间的横向格数,记为 $X\text{div}$,并记下扫描范围"SEC/div"值,那么被测信号的周期 T 和频率 f 为

$$T = X\text{div} \times \text{SEC/div} \quad \text{而} \quad f = \frac{1}{T}$$

其中,SEC/div 是指荧光屏纵向每个方格的时间值;T 与 SEC/div 所选择的量程单位一致。

（6）利用李沙育图形测量频率和相位

观察沙育图形首先是将示波器上的扫描范围（SEC/div）旋钮逆时针旋到"$X-Y$"挡,利用 Y_1 轴、Y_2 轴（也有从 X、Y 轴输入）分别输入标准频率,信号连续如图 2-5-2 所示。再通过调节标准频率值,使荧光屏上出现如图 2-5-3 所示的李沙育图形,即可求出被测频率 f 和相位 φ。

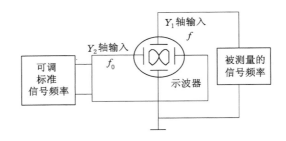

图 2-5-2 观察李沙育图形的连接方法

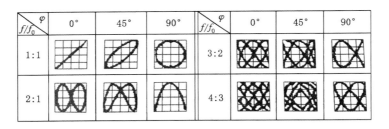

图 2-5-3 从李沙育图形上计算被测信号频率和相位

2.6 其他常见测量仪器

2.6.1 兆欧表

兆欧表在工程上俗称摇表,由手摇发动机和磁电式比率计等测量机构构成,其基本构造如图 2-6-1 所示。手摇发动机的电压有 100 V、250 V、500 V、1 000 V、2 500 V 等级别,以适应各种电机、电器、线路测试的需要。采用磁电式比率计测量机构是为了避免电源电压波动的影响。比率计的磁极与铁芯做成特殊形状,使气隙磁感应强度分布的不均匀,其可动部分由两个相互以一定角度固定连接着的线圈组成。

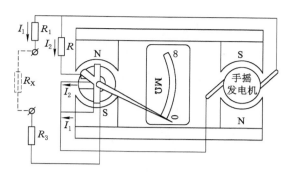

图 2-6-1　兆欧表结构示意图

当两个线圈有电流 I_1 和 I_2 流过时,产生两个方向相反的力矩:

$$M_1 = k_1 I_1 B_1 = k_1 I_1 f_1(\alpha) \qquad M_2 = k_2 I_2 B_2 = k_2 I_2 f_2(\alpha) \qquad (2\text{-}6\text{-}1)$$

式中,磁感应强度 B_1 和 B_2 分别为偏转角 α 的函数。在 M_1 和 M_2 共同作用下,可动部分向较大的力矩作用方向偏转,结果使产生较大力矩的线圈转向气隙中磁感应强度较弱的位置,而产生较小力矩的线圈则转向磁感应强度较强的位置,直到两个力矩平衡为止。此时:

$$M_1 = M_2$$

则:

$$k_1 I_1 f_1(\alpha) = k_2 I_2 f_2(\alpha) \qquad (2\text{-}6\text{-}2)$$

或 $I_1/I_2 = k_2 f_2(\alpha)/k_1 f_1(\alpha)$,故仪表偏转角 α 与两个电流比值有关,即:

$$\alpha = f(I_1/I_2) \qquad (2\text{-}6\text{-}3)$$

由于线圈 2 与固定电阻 R 串联,线圈 1 与附加电阻 R_1、R_3 及被测电阻 R_X 串联,两条电路并联接到发电机的两端。

2.6.2　数字钳形表

2.6.2.1　基本结构与原理

M288 型数字钳形表的面板结构如图 2-6-2 所示,以下简要说明面板元件的名称和功能。① 交流电流钳口,用于拾取交流电流。

② 扳机,用于在线夹线。按下扳机,钳头张开,可夹入线;松开扳机,钳头自动合拢,把线夹上。

③ 数据保持开关,按下保持键,仪表显示器上将保持测量的最后读数;释放保持键,即恢复正常测量状态。

④ 功能量程开关,用于选择各功能和量程。

⑤ 液晶显示器,显示三位半的检测有效数字。

⑥ 输入插孔(3 孔),用于输入被测信号。

⑦ 腕带扣。

⑧ 温度插孔,当功能量程开关选择温度后,只需将附件温度探头插入该孔位置。

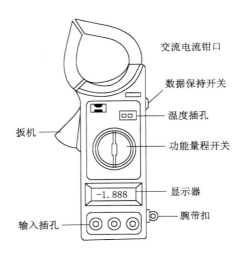

图 2-6-2　数字钳形表的面板结构

数字钳形表用于在线直接检测被测电路的电参数,可用于测量交流电流、绝缘电阻、交直流电压、电阻、频率、温度、二极管和电路通断测试。它主要由输入变换和 A/D 转换及显示部分组成。输入变换的钳形电流互感器,把二次绕组上产生的感应电流信号变换成电压信号,经 A/D 转换器将模拟电压信号转换成数字信号,最后送入液晶显示器显示检测的参数值。

2.6.2.2　一般使用方法

(1) 交流电流测量

① 将功能量程开关置于交流电流量程范围。

② 按下扳机,张开钳头,把导线夹在钳内即可测得导线电流值。同时夹住两根或三根导线是不能测量的。

③ 从显示器上读取测量结果。

(2) 交直流电压的测量

① 将红笔插入"VΩ"插孔,黑表笔插入"COM"插孔。

② 将功能量程开关选择为直流电压量程或交流电压,并将表笔连接到被测电源或负载上。对直流电压,红表笔所接端的极性将同时显示在显示器上。

③ 从显示器上读取测量结果。

注意:如果显示器只显示"1",这表示已经超过量程,功能量程开关应置于更高量程,但不要输入高压 1 000 V 的电压,否则有可能损坏仪器内部线路。测量高电压时,要特别注意避免触电。

(3) 电阻测量

① 将红表笔和黑表笔分别插入"VΩ"和"COM"插孔。

② 将功能量程开关选为所需的电阻量程位置,并将表笔连接到待测电阻上。

注意:当检查在线电阻时,必须将被测线路内所有电源关断,并将所有电容充分放电。而测量 1 MΩ 以上的电阻时,可能需要几秒后读数才会稳定。这对于高阻值是正常的。

(4) 温度测量

① 量程开关置于所测的温度量程"℃"或"℉"挡。

② 将温度探头插到温度的输入插孔,将温度探头的测温端置于待测物上面或内部。

注意:在测量温度时,应正确选用温度探头;表笔不应连接到表的输入插座上。在不测量温度时,不要将温度探头插到温度的输入插孔。

（5）频率测量

① 将红笔插入"VΩ"插孔,黑表笔插入"COM"插孔。

② 将功能开关置于频率量程 2 kHz,并将表笔连接到待测信号源上。

注意:不要输入高于 250 V 的电压,以免损坏仪器内部线路。

2.6.2.3　注意使用事项

① 为减小误差,测量时,被测导线应置于钳口内中心位置。钳形表的钳孔应保持良好接触,若发现有明显的噪声或读数有明显现象的不稳定,应将钳形表的手柄转动几次或重新开合几次,若噪声依然存在,应检查钳口处有无污染。

② 为消除铁芯剩磁的影响,应将钳口开、合数次。

③ 要选择合适的量程,在无法估计被测量大小的时候,应选择大量程测量,然后根据指示值,由大变小,转到合适的挡位。转换量程挡位时,应在不带电的情况下进行。

④ 当被测电路电流太小,即使在最低量程挡的屏显读数仍是不大,为提高测量精确度,可将被测载流导线在钳口部分的铁芯柱上缠绕几圈后进行测量,将显示的读数除以穿入钳口内导线圈数即可得到实测电流值。

⑤ 钳形表不用时,应将量程选择至最高量程挡,以免下次使用时不慎损坏仪表。

2.6.3　功率表

功率表通常是由电动式测量机构制成的,可用来测量直流电路和交流电路的功率。功率表按相数分为单相和三相;按量程分为单量程和多量程;按功率因数分为高功率因数功率表和低功率因数功率表;按传统分为指针式和数字式智能功率表。功率表的种类虽然不同,但是结构却都类似。功率表主要由一个电流线圈和一个电压线圈组成,电流线圈与负载串联,反映负载的电流;电压线圈与负载并联,反映负载的电压。

2.6.3.1　基本结构和原理

以 34-W 型功率表为例,它的面板如图 2-6-3(a)所示。该表有四个电压接线柱,其中有

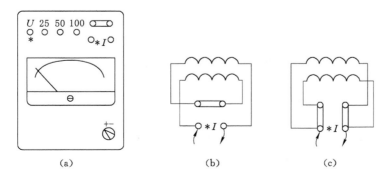

（a）　　　　　　　（b）　　　　　　　（c）

图 2-6-3　D34-W 型功率表的面板结构

（a）功率表面板示意图;(b)两电流线圈串联;(c)两电流线圈并联

一个带"＊"号的接线柱为公共端,另外三个是电压量程选择端,可选择 25 V、50 V、100 V 三个量程。四个电流接线柱没有标明量程,需要通过对四个接线柱的不同连接方式改变量程,即通过连接使两只 0.25 A 的电流表线圈串联,得到 0.25 A 的量程或通过活动连接片使两个电流线圈并联,得到 0.5 A 的量程,如图 2-6-3(b)、(c)所示。

若把功率表的额定功率、额定电压、额定电流和额定功率因数分别用 P_N、U_N、I_N 和 $\cos \varphi_N$ 表示,则高功率因数功率表 $P_N = U_N I_N$,低功率因数功率表 $P_N = U_N I_N \cos \varphi_N$。这时,被测负载的功率、端电压、电流和功率因数分别用 P、U、I、$\cos \varphi$ 表示。则对于高功率因数功率表,只要保证了 $U_N \geqslant U$,$I_N \geqslant I$,就自然而然地满足 $P_N \geqslant P$;但对于低功率因数功率表,满足 $U_N \geqslant U$,$I_N \geqslant I$,却不一定满足 $P_N \geqslant P$。因为 $P_N = U_N I_N \cos \varphi_N$,而 $P = UI \cos \varphi$,通常 $\cos \varphi_N < \cos \varphi$,特别是测量电阻性负载的功率时,更可能出现 $P_N < P$ 的情况,使指针偏转超过满刻度。在出现这种情况时,就要把电压量程或电流量程再加大,也可同时加大电压量程和电流量程,使指针偏转不超过满刻度。

读取功率表指针偏转格数 α,再作如下换算就得到功率:

$$P = C\alpha \tag{2-6-1}$$

其中:

$$C = (U_N I_N \cos \varphi_N)/\alpha_m \tag{2-6-2}$$

式中,C 为功率表常数,随功率表选定量程的不同,该值有所不同,单位为 W/div;U_N、I_N 为所选功率表的电压量程和电流量程;$\cos \varphi_N$ 为所选功率表的额定功率因数;α_m 为满刻度格数。

2.6.3.2 功率表量程选择及读数

选择功率表的量程就是选择功率表中的电流量程和电压量程。使用时应使功率表中的电流量程不小于负载电流,电压量程不低于负载电压,而不能仅仅从功率量程来考虑。例如,两只功率表,量程分别是 1 A、480 V 和 2 A、240 V,由计算可知其功率量程均为 480 W,如果要测量一负载电压为 380 V、电流为 1 A 的负载功率时就不能选择 2 A、240 V 的功率表,其虽然功率量程也大于负载功率,但是由于负载电压高于功率表所能承受的电压 240 V,故不能使用;此时应选用 1 A、480 V 的功率表。所以,在测量功率前要根据负载的额定电压额定电流来选择功率表的量程。

一般安装式功率表为直读单量程式,表上的示数就是功率数。但便携式功率表一般为多量程式,在表的标度尺上不直接标注示数,只标注分格。在选用不同的电流与电压量程时,每一分格都可以表示不同的功率数。在读书时,应先根据所选的电压量程 U、电流量程 I 及标度尺满量程时的格数 D_{max} 求出每格瓦数,又称功率表常数,然后乘上指针偏转的格数 D 就可以得到所测功率 P,即:

$$C = \frac{UI}{D_{max}}$$

$$P = CD$$

如果没有按规则接线,即电流线圈的非"＊"端接电源端,这时电流流向与原先规定的方向相反,则指针将反向偏转。如果再把电压支路的接线也换一下,即将电压线圈的"＊"端接非电源端,则指针又会按原来的方向正向偏转。但是电压支路两端的接线是不允许换接的,因为在电压支路中由一个阻值很大的附加电阻 R_F 与电压线圈串联,如将电压支路两端互换,如图 2-6-4(a)所示,则电压线圈和电流线圈将分别接到电源的正极和负极,两组线圈之间就会有较大的电位差,这样一来,由于电场力的作用会引起新的附加误差,而且线圈之间的绝缘也有损坏的危险。

如果测量中功率表的接线是正确的,而仪表指针却反向偏转,那就需要改变电流支路两个端钮的接线,才能得到读数,这时得到的读数应取负数。D77 功率表装有电压线圈的换向开关,图 2-6-4(b)所示。它可以改变流过电压线圈的电流方向,而不改变电压线圈和附加电阻的相对位置。如果按上述原则接线,这时功率表反偏,读数前面应加符号。

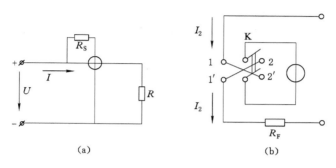

图 2-6-4　功率表的不正确接线及换向电路

(a) 功率表不正确接线法;(b) 功率表换向开关电路

2.6.3.3　功率表的正确接线

电动系测量机构的转动力矩方向和两线圈中的电流方向有关,为了防止电动系功率表的指针反偏,接线时功率表电流线圈标有"＊"的端钮必须接到电源的正极端,而电流线圈的另一端则与负载相连,电流线圈以串联形式接入电路中。功率表电压线圈标有"＊"的端钮可以接到电源端钮的任一端上,而另一电压端钮则跨接到负载的另一端,即非电源端。

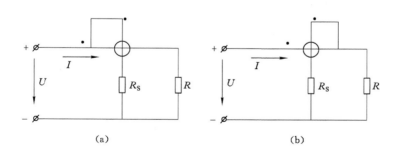

图 2-6-5　功率表的接线法

(a) 电压线圈前接法;(b) 电压线圈后接法

当负载电阻远远大于电流线圈的电阻时,应采用电压线圈前接法,如图 2-6-5(a)所示。这时电压线圈的电压是负载电压和电流线圈电压之和,功率表测量的是负载功率和电流线圈功率之和。如果负载电阻远远大于电流线圈的电阻,则可以忽略电流线圈分压造成的影响,测量结果比较接近负载的实际功率值。当负载电阻远远小于电压线圈电阻时,应采用电压线圈后接法,如图 2-6-5(b)所示。这时电压线圈两端的电压虽然等于负载电压,但是电流线圈中的电流却等于负载电流与功率表电压线圈中的电流之和,测量时功率表读数为负载功率与电压线圈功率之和。由于此时负载电阻远小于电压线圈电阻,所以电压线圈分流作用大大减小,其对测量结果的影响也可以大大减小。如果被测负载本身功率较大,就可以不考虑功率表本身的功率对测量结果的影响,则两种接法可以任意选择。但最好选用电压线圈前接法,因为功率表中电流线圈的功率一般都小于电压线圈支路的功率。

2.6.3.4　注意事项

① 使用前观察仪表指针是否归零,否则可通过零位调整器调整。

② 由于功率表在使用过程中,可能出现电压及电流值均没有超过量程,但功率表指针却已经超出满偏的情况。也可能出现虽然功率表指针没有达到满偏,而电压或电流却已经超出量程的情况。上述两种情况都会造成仪表的损坏,因此,通常需同时接入电压表和电流表进行监控。

③ 接线时注意电压线圈应与负载并联,电流线圈应与负载串联,同时同极性(带" * ")端应短接在一起。

④ 测量时,如果遇到指针方向偏转,应改变仪表面板上的换向开关极性。

2.6.4　电度表

电度表也称电能表,是专门用来测量交流电能的仪表。

2.6.4.1　基本结构和原理

单相交流电度表是一种积算型仪表,最常见的是三磁通型结构,其结构示意图如图 2-6-6 所示。其中 1、2 为驱动元件,由绕在两个铁芯上的线圈组成。电流线圈导线粗而匝数少,在电路中与负载串联;电压线圈的导线细而匝数多,与负载并联。它们通过电流时产生电磁转矩,以驱动铝盘转动。3、4 为转动元件,由两个铁芯气隙中放置的一个可以旋转的铝盘和转轴构成。6、7 为积算机构,由安装在转轴上的蜗轮和蜗杆以及计数器等组成。3、5 为制动元件,由铝盘和永久磁铁等组成。此外,还有轴承、支架和接线盒等附件。

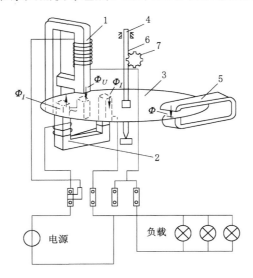

图 2-6-6　单相交流电度表的结构示意图

当电度表接入电路后,流过两个线圈的电流分别产生交变磁通 Φ_I 和 Φ_U,两个磁通穿过铝盘时,在铝盘上产生感应电流(涡流),磁通 Φ_I 和 Φ_U 分别再和涡流相互作用,产生动力矩,使铝盘转动,则转动力矩为:

$$M_1 = k_1 U\cos\varphi = k_1 P \tag{2-6-3}$$

即转动力矩与负载消耗的有功功率成正比。当铝盘转动时,还通过永久磁铁的气隙并切割磁力线,在铝盘中产生感应电流,该感应电流与永久磁铁的磁通相互作用产生制动力矩 M_2,可以证明 M_2 与铝盘的转速 n 成正比:

$$M_2 = k_2 n$$

两个力矩相平衡时,铝盘等速旋转,这时: $M_1 = M_2$,即

$$k_1 P = k_2 n \tag{2-6-4}$$

$$n = k_1/k_2 P = N_H P \tag{2-6-5}$$

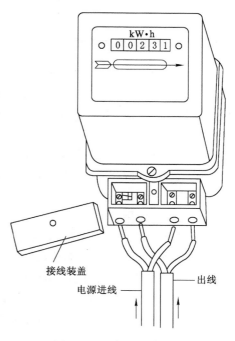

上式表示铝盘的转速与负载的功率成正比,式中比例常数 N_H 为电度表常数,其单位为 $r/(kW \cdot h)$。因此,在某一时间内负载所消耗的电能为:

$$W = \int_0^t p\,dt = \int_0^t \frac{1}{N_H} n\,dt = \frac{1}{N_H} N_T \tag{2-6-6}$$

式中, $N_T = \int_0^t n\,dt$,是时间 t 内铝盘的累计转数。

2.6.4.2　使用方法

为了便于接线安装和不反转,电压线圈和电流线圈的 * 号端在出厂时已经连接好,并有专门的接线盒,使用时应将电流线圈接于相线,不准接于中性线。接线方法如图 2-6-7 所示。

要正确选用量程,电度表的额定电压应与负载的额定电压相等,电度表的额定电流要大于或等于负载的额定电流。

图 2-6-7　电度表的接线

第3章　Multisim 模拟电路仿真

3.1　Multisim 用户界面及基本操作

3.1.1　Multisim 用户界面

在众多的 EDA 仿真软件中，Multisim 软件以界面友好、功能强大、易学易用等特点受到电类设计开发人员的青睐。Multisim 用软件方法虚拟电子元器件及仪器仪表，将元器件和仪器集合为一体，是原理图设计、电路测试的虚拟仿真软件。

Multisim 来源于加拿大图像交互技术公司（Interactive Image Technologies，IIT）推出的以 Windows 为基础的仿真工具，原名 EWB。

IIT 公司于 1988 年推出一个用于电子电路仿真和设计的 EDA 工具软件 Electronics Work Bench（EWB，电子工作台），其以界面形象直观、操作方便、分析功能强大、易学易用而得到迅速推广使用。

1996 年 IIT 推出了 EWB 5.0 版本，在 EWB 5.x 版本之后，从 EWB 6.0 版本开始，IIT 对 EWB 进行了较大变动，名称改为 Multisim（多功能仿真软件）。

IIT 后被美国国家仪器（National Instruments，NI）公司收购，软件更名为 NI Multisim，Multisim 经历了多个版本的升级，已经有 Multisim 2001、Multisim 7、Multisim 8、Multisim 9 、Multisim 10 等版本，9 版本之后增加了单片机和 LabVIEW 虚拟仪器的仿真和应用。

下面以 Multisim 10 为例介绍其基本操作。图 3-1-1 是 Multisim 10 的用户界面，包括菜单栏、标准工具栏、主工具栏、虚拟仪器工具栏、元器件工具栏、仿真按钮、状态栏、电路图编辑区等组成部分。

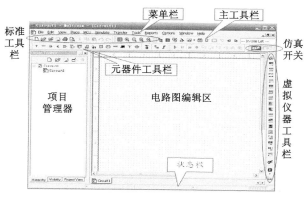

图 3-1-1　Multisim10 用户界面

菜单栏与 Windows 应用程序相似,如图 3-1-2 所示。

File	Edit	View	Place	MCU	Simulate	Transfer	Tools	Reports	Options	Window	Help
文件	编辑	显示	放置元器件节点导线	单片机仿真	仿真和分析	与印制板软件传数据	元器件修改	产生报告	用户设置	浏览	帮助

图 3-1-2 Multisim 菜单栏

其中,Options 菜单下的 Global Preferences 和 Sheet Properties 可进行个性化界面设置,Multisim 10 提供两套电气元器件符号标准:

① ANSI:美国国家标准学会,美国标准,默认为该标准,本章采用默认设置;

② DIN:德国国家标准学会,欧洲标准,与中国符号标准一致。

工具栏是标准的 Windows 应用程序风格。

标准工具栏: □ ☞ ☜ 🖫 🖨 🖳 ✂ 🖺 ✂ ↶ ↷

视图工具栏: 🔲 🔍 🔍 🔍 🔍

图 3-1-3 是主工具栏及按钮名称,图 3-1-4 是元器件工具栏及按钮名称,图 3-1-5 是虚拟仪器工具栏及仪器名称。

| 设计工具箱 | 电子表格视窗 | 数据库管理器 | 元器件编辑器 | 图形记录仪 | 后处理器 | 电气规则检测 | 虚拟实验板 | | 创建 Ultiboard 注释文件 | 修改 Ultiboard 注释文件 | | 使用的元器件列表 | | 帮助 |

图 3-1-3 Multisim 主工具栏

| 放置电源 | 基本元器件管 | 放置二极管 | 放置晶体管 | 运算放大器 | TTL元器件 | CMOS元器件 | 其它数字器件 | 混合元器件 | 显示元器件 | 放置功率元器件 | 杂项外围电路 | 高级外围元器件 | 高频元器件 | 机电元器件 | | 放置总线 |

图 3-1-4 Multisim 元器件工具栏

| 万用表 | 函数发生器 | 功率表 | 示波器 | 四通道示波器 | 伯德图示仪 | 数字频率发生器 | 字信号发生器 | 逻辑分析仪 | 逻辑转换仪 | 伏安特性分析仪 | 失真度分析仪 | 频谱分析仪 | 网络分析仪 | Agilent函数发生器 | Agilent数字万用表 | Agilent示波器 | Tektronix示波器 | LabVIEW虚拟仪器 | 测量探针虚拟仪器 |

图 3-1-5 Multisim 虚拟仪器工具栏

项目管理器位于 Multisim 10 工作界面的左半部分,电路以分层的形式展示,主要用于层次电路的显示,3 个标签为:

① Hierarchy:对不同电路的分层显示,单击"新建"按钮将生成 Circuit2 电路;

② Visibility:设置是否显示电路的各种参数标识,如集成电路的引脚名;

③ Project View:显示同一电路的不同页。

3.1.2 Multisim 仿真基本操作

Multisim 10 仿真的基本步骤为:

① 建立电路文件

② 放置元器件和仪表

③ 元器件编辑

④ 连线和进一步调整

⑤ 电路仿真

⑥ 输出分析结果

具体方式如下:

3.1.2.1 建立电路文件

具体建立电路文件的方法有:

· 打开 Multisim 10 时自动打开空白电路文件 Circuit1,保存时可以重新命名

· 菜单 File/New

· 工具栏 New 按钮

· 快捷键 Ctrl+N

3.1.2.2 放置元器件和仪表

Multisim 10 的元件数据库有:主元件库(Master Database),用户元件库(User Database),合作元件库(Corporate Database),后两个库由用户或合作人创建,新安装的 Multisim 10 中这两个数据库是空的。

放置元器件的方法有:

· 菜单 Place Component

· 元件工具栏:Place/Component

· 在绘图区右击,利用弹出菜单放置

· 快捷键 Ctrl+W

放置仪表可以点击虚拟仪器工具栏相应按钮,或者使用菜单方式。

以晶体管单管共射放大电路放置+12 V 电源为例,点击元器件工具栏放置电源按钮(Place Source),得到如图 3-1-6 所示界面。

修改电压值为 12 V,如图 3-1-7 所示。

同理,放置接地端和电阻,如图 3-1-8 所示。

图 3-1-9 为放置了元器件和仪器仪表的效果图,其中左下角是函数信号发生器,右上角是双通道示波器。

3.1.2.3 元器件编辑

(1)元器件参数设置

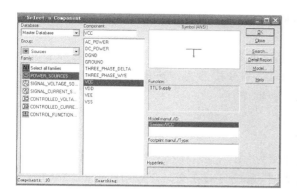

图 3-1-6　放置电源　　　　　　　图 3-1-7　修改电压源的电压值

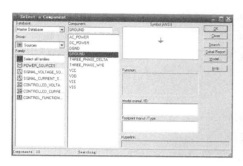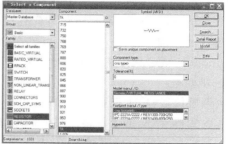

图 3-1-8　放置接地端(左图)和电阻(右图)

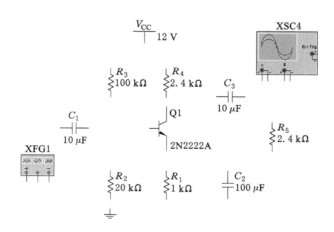

图 3-1-9　放置元器件和仪器仪表

双击元器件,弹出相关对话框,选项卡包括:

- Label:标签,Refdes 编号,由系统自动分配,可以修改,但须保证编号唯一性
- Display:显示
- Value:数值
- Fault:故障设置,Leakage 漏电;Short 短路;Open 开路;None 无故障(默认)

- Pins：引脚，各引脚编号、类型、电气状态

（2）元器件向导（Component Wizard）

对特殊要求，可以用元器件向导编辑自己的元器件，一般是在已有元器件基础上进行编辑和修改。方法是：菜单 Tools/ Component Wizard，按照规定步骤编辑，用元器件向导编辑生成的元器件放置在 User Database（用户数据库）中。

3.1.2.4　连线和进一步调整

连线：

（1）自动连线：单击起始引脚，鼠标指针变为"十"字形，移动鼠标至目标引脚或导线，单击，则连线完成，当导线连接后呈现丁字交叉时，系统自动在交叉点放节点（Junction）；

（2）手动连线：单击起始引脚，鼠标指针变为"十"字形后，在需要拐弯处单击，可以固定连线的拐弯点，从而设定连线路径；

（3）关于交叉点，Multisim 10 默认丁字交叉为导通，十字交叉为不导通，对于十字交叉而希望导通的情况，可以分段连线，即先连接起点到交叉点，然后连接交叉点到终点；也可以在已有连线上增加一个节点（Junction），从该节点引出新的连线，添加节点可以使用菜单 Place/Junction，或者使用快捷键 Ctrl＋J。

进一步调整：

（1）调整位置：单击选定元件，移动至合适位置；

（2）改变标号：双击进入属性对话框更改；

（3）显示节点编号以方便仿真结果输出：菜单 Options/Sheet Properties/Circuit/Net Names，选择 Show All；

（4）导线和节点删除：右击/Delete，或者点击选中，按键盘 Delete 键。

图 3-1-10 是连线和调整后的电路图，图 3-1-11 是显示节点编号后的电路图。

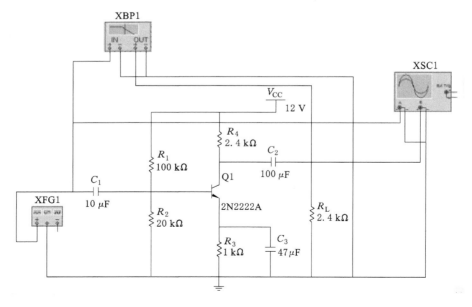

图 3-1-10　连线和调整后的电路图

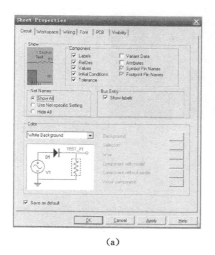

(a)

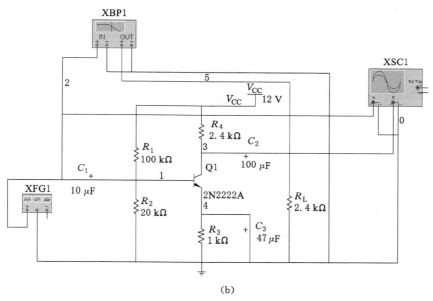

(b)

图 3-1-11　电路图的节点编号显示

（a）显示节点编号对话框；（b）显示节点编号后的电路图

3.1.2.5　电路仿真

基本方法：

· 按下仿真开关，电路开始工作，Multisim 界面的状态栏右端出现仿真状态指示；

· 双击虚拟仪器，进行仪器设置，获得仿真结果。

图 3-1-12 是示波器界面，双击示波器，进行仪器设置，可以点击 Reverse 按钮将其背景反色，使用两个测量标尺，显示区给出对应时间及该时间的电压波形幅值，也可以用测量标尺测量信号周期。

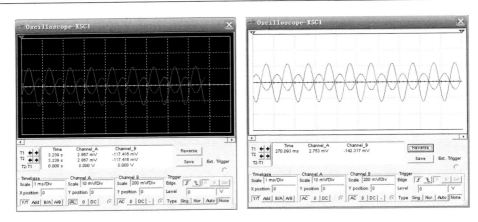

图 3-1-12　示波器界面(右图为点击 Reverse 按钮将背景反色)

3.1.2.6　输出分析结果

使用菜单命令 Simulate/Analyses,以上述单管共射放大电路的静态工作点分析为例,步骤如下:

- 菜单 Simulate/Analyses/DC Operating Point
- 选择输出节点 1、4、5,点击 ADD、Simulate

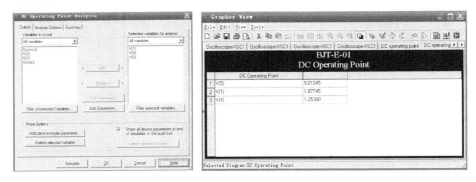

图 3-1-13　静态工作点分析

3.2　二极管及三极管电路

3.2.1　二极管参数测试仿真实验

半导体二极管是由 PN 结构成的一种非线性元件。典型的二极管伏安特性曲线可分为 4 个区:死区、正向导通区、反向截止区、反向击穿区,二极管具有单向导电性、稳压特性,利用这些特性可以构成整流、限幅、钳位、稳压等功能电路。

半导体二极管正向特性参数测试电路如图 3-2-1 所示。表 3-2-1 是正向测试的数据,从仿真数据可以看出:二极管电阻值 r_d 不是固定值,当二极管两端正向电压小,处于“死区”,正向电阻很大、正向电流很小,当二极管两端正向电压超过死区电压,正向电流急剧增加,正向电阻迅速减小,处于“正向导通区”。

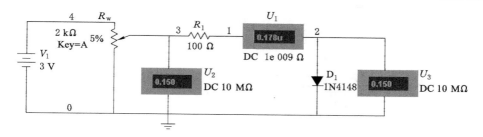

图 3-2-1　二极管正向特性测试电路

表 3-2-1　　　　　　　　　　　　　　二极管正向特性仿真测试数据

R_w	10%	20%	30%	50%	70%	90%
V_d/mV	299	496	544	583	613	660
I_d/mA	0.004	0.248	0.684	1.529	2.860	7.286
$r_d=(V_d/I_d)/\Omega$	74 750	2 000	795	381	214	90.58

半导体二极管反向特性参数测试电路如图 3-2-2 所示。

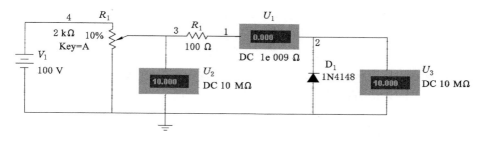

图 3-2-2 二极管反向特性测试电路

表 3-2-2 是反向测试的数据,从仿真数据可以看出:二极管反向电阻较大,而正向电阻小,故具有单向特性。反向电压超过一定数值(V_{BR}),进入"反向击穿区",反向电压的微小增大会导致反向电流急剧增加。

表 3-2-2　　　　　　　　　　　　　　二极管反向特性仿真测试数据

R_w	10%	30%	50%	80%	90%	100%
V_d/mV	10 000	30 000	49 993	79 982	80 180	80 327
I_d/mA	0	0.004	0.007	0.043	35	197
$r_d=(V_d/I_d)/\Omega$	∞	7.5E6	7.1E6	1.8E6	2290.9	407.8

3.2.2　二极管电路分析仿真实验

二极管是非线性器件,引入线性电路模型可使分析更简单。有两种线性模型:

(1) 大信号状态下的理想二极管模型,理想二极管相当于一个理想开关;

(2) 正向压降与外加电压相比不可忽略,且正向电阻与外接电阻相比可以忽略时的恒压源模型,即一个恒压源与一个理想二极管串联。

图 3-2-3 是二极管实验电路，由图中的电压表可以读出：二极管导通电压 $V_{on}=0.617$ V；输出电压 $V_o=-2.617$ V。

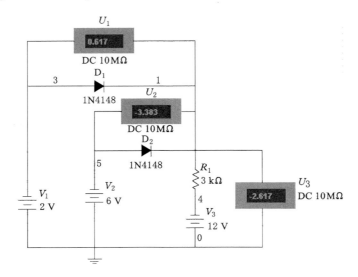

图 3-2-3　二极管实验电路(二极管为 IN4148)

利用二极管的单向导电性、正向导通后其压降基本恒定的特性，可实现对输入信号的限幅，图 3-2-4(a)是二极管双向限幅实验电路。V_1 和 V_2 是两个电压源，根据电路图，上限幅值为：V_1+V_{on}，下限幅值为：$-V_2-V_{on}$。在 V_i 的正半周，当输入信号幅值小于(V_1+V_{on})时，D_1、D_2 均截止，故 $V_o=V_i$；当 V_i 大于(V_1+V_{on})时，D_1 导通、D_2 截止，$V_o=V_1+V_{on}\approx$ 4.65 V；在 V_i 的负半周，当 $|V_i|<V_2+V_{on}$ 时，D_1、D_2 均截止，$V_o=V_i$；当 $|V_i|>(V_2+V_{on})$ 时，D_2 导通、D_1 截止，$V_o=-(V_2+V_{on})\approx-2.65$ V。图 3-2-4(b)是二极管双向限幅实验电路的仿真结果，输出电压波形与理论分析基本一致。

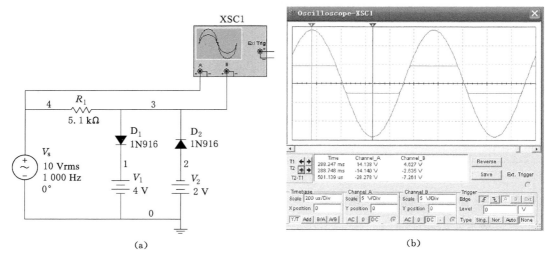

(a) (b)

图 3-2-4　二极管双向限幅实验电路

(a) 二极管双向限幅仿真电路；(b) 输出电压波形

3.2.3　三极管特性测试

选择虚拟晶体管特性测试仪(IV-Analysis)XIV1,双击该图标,弹出测试仪界面,进行相应设置,如图 3-2-5 所示,点击 Sim_Param 按钮,设置集射极电压 V_{ce} 的起始范围、基极电流 I_b 的起始范围以及基极电流增加步数 Num_Steps(对应特性曲线的根数),单击仿真按钮,得到一簇三极管输出特性曲线。

右击其中的一条曲线,选择 show select marts,则选中了某一条特性曲线,移动测试标尺,则在仪器界面下部可以显示对应的基极电流 I_b、集射极电压 V_{ce}、集电极电流 I_c。根据测得的 I_b 和 I_c 值,可以计算出该工作点处的直流电流放大倍数 $\overline{\beta}$,根据测得的 ΔI_b 和 ΔI_c,可以计算出交流电流放大倍数 β。

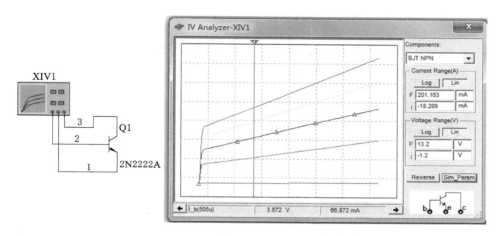

图 3-2-5　用晶体管特性测试仪测量三极管特性

3.3　单管基本放大电路

3.3.1　共射极放大电路仿真实验

放大是对模拟信号最基本的处理,图 3-3-1 是单管共射放大电路(NPN 型三极管)的仿真电路图。

进行直流工作点分析,采用菜单命令 Simulate/Analysis/DC Operating Point,在对话框中设置分析节点及电压或电流变量,如图 3-3-2 所示。图 3-3-3 是直流工作点分析结果。

当静态工作点合适,并且加入合适幅值的正弦信号时,可以得到基本无失真的输出,如图 3-3-4 所示。

但是,持续增大输入信号,由于超出了晶体管工作的线性工作区,将导致输出波形失真,如图 3-3-5(a)所示,图 3-3-5(b)是进行傅立叶频谱分析的结果,可见输出波形含有高次谐波分量。

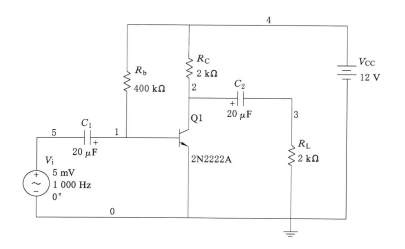

图 3-3-1　单管共射放大电路（NPN 型三极管）

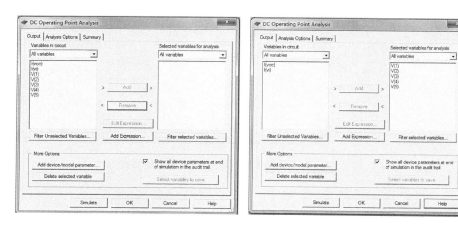

图 3-3-2　直流工作点分析对话框

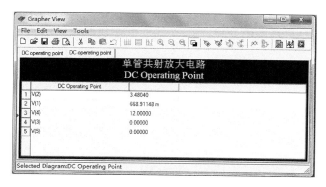

图 3-3-3　直流工作点分析结果

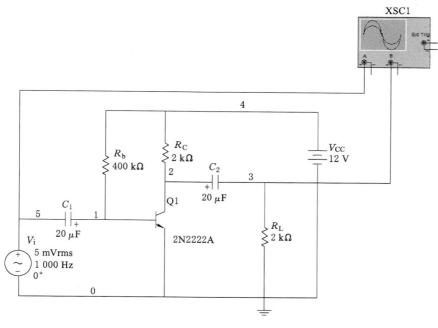

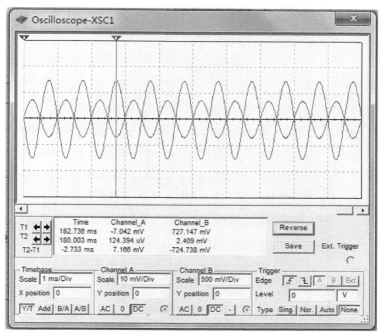

图 3-3-4　单管共射极放大电路输入输出波形

　　静态工作点过低或者过高也会导致输出波形失真,如图 3-3-6 所示,由于基极电阻 R_b 过小,导致基极电流过大,静态工作点靠近饱和区,集电极电流也因此变大,输出电压 $V_o = V_{CC} - i_C R_C$,大的集电极电流导致整个电路的输出电压变小,因此从输出波形上看,输出波形的下半周趋于被削平了,属于饱和失真。

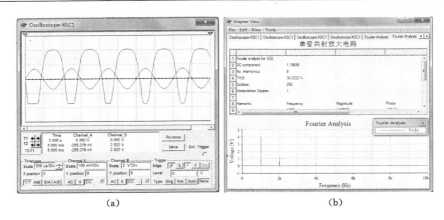

图 3-3-5　增大输入后的失真输出波形及其频谱分析结果

（a）输出波形失真；（b）傅立叶频谱分析结果

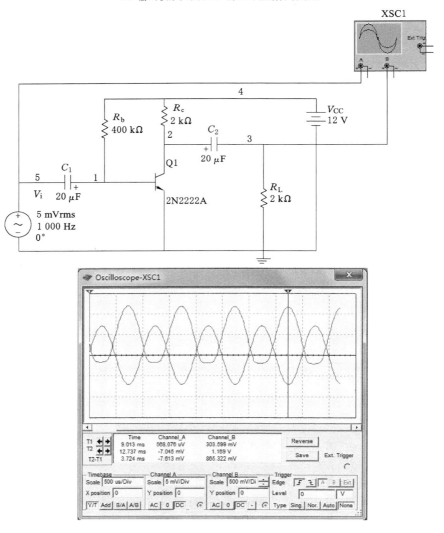

图 3-3-6　减小 R_b 后的失真输出波形

3.3.2　场效应管放大电路仿真实验

3.3.2.1　场效应管的转移特性

场效应管的转移特性指漏—源电压 V_{DS} 固定时,栅—源电压 V_{GS} 对漏极电流 i_D 的控制特性,即 $i_D = f(V_{GS})|_{V_{DS}=\text{Constant}}$,按照图 3-3-7 搭建 N 沟道增强型场效应管转移特性实验电路,单击 Multisim10 菜单"Simulate/Analyses/DC Sweep…"选择直流扫描分析功能,在弹出的对话框"Analysis Parameters"中设置所要扫描的直流电源 V_{GS},并设置起始和终止值、步长值,在"Output"选项卡中选择节点 2 的电压 $V[2]$ 为分析节点,由于源极电阻 $R_s = 1\ \Omega$,所以电压 $V[2]$ 的数值等于源极电流,也等于漏极电流 i_D。由图 3-3-7(b)可知,N 沟道增强型场效应管 2N7002 的开启电压 $V_{GS(th)} \approx 2\ \text{V}$。

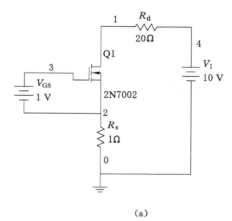

(a)

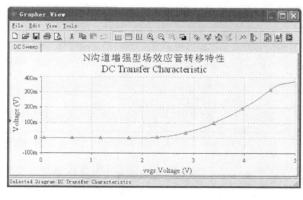

(b)

图 3-3-7　场效应管转移特性直流扫描分析

(a) 仿真电路;(b) 转移特性仿真结果

3.3.2.2　场效应管共源放大电路

图 3-3-8 是场效应管共源放大电路仿真实验电路图,调整电阻 R_{g1} 和 R_{g2} 构成的分压网络可以改变 V_{GSQ},从而改变电压放大倍数。此外,改变电阻 R_d、R_s 也可改变输出电压。

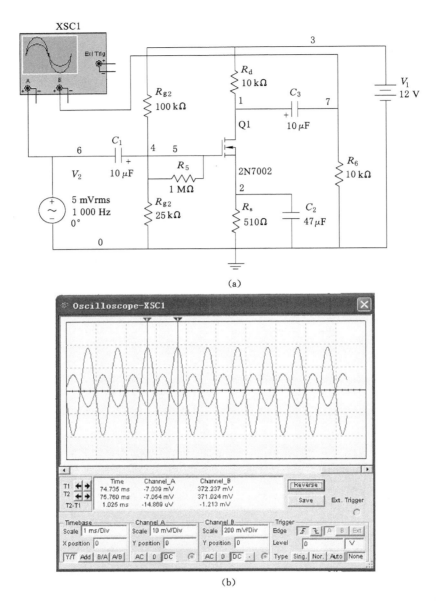

(a)

(b)

图 3-3-8　场效应管共源放大电路仿真

（a）仿真电路；（b）输入和输出电压波形

3.4　放大电路指标测量

3.4.1　输入电阻测量

　　万用表可以测量交直流电压、交直流电流、电阻、电路中两个节点之间的分贝损耗，不需用户设置量程，参数默认为理想参数（比如电流表内阻为 0），用户可以修改参数。点击虚拟仪器万用表(Multimeter),接入放大电路的输入回路,本例中将万用表设置为交流,测得的是有效值(RMS 值)。由于交流输入电阻要在合适的静态工作点上测量,所以直流电源要保留。

由图 3-4-1 可见,测得输入回路的输入电压有效值为 3.536 mV,电流为 2.806 μA,输入电阻

$$R_i = \frac{v_i}{i_i} = \frac{3.536}{2.806} = 1.260 \text{ k}\Omega$$

在实验室中进行的实物电路的输入电阻测量要采用间接测量方法,这是因为实际的电压表、电流表都不是理想仪器,电流表内阻不是 0,而电压表内阻不是无穷大。

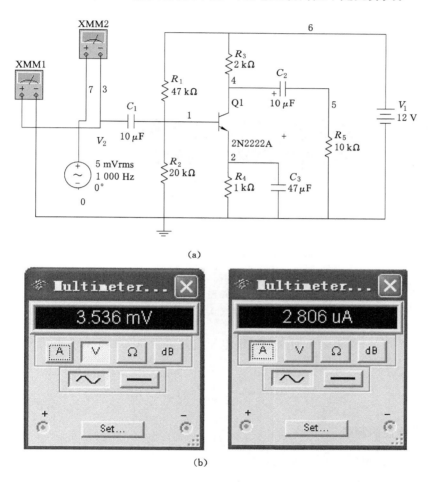

(a)

(b)

图 3-4-1　放大电路输入电阻测量电路图
(a) 输入电阻测量电路;(b)电压、电流测量结果

3.4.2　输出电阻的测量

采用外加激励法,将信号源短路,负载开路,在输出端接电压源,并测量电压、电流,如图 3-4-2 所示。

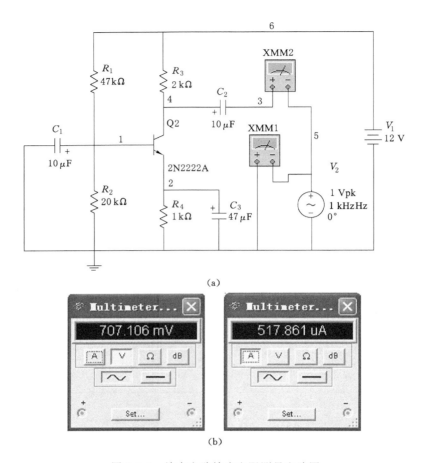

(a)

(b)

图 3-4-2　放大电路输出电阻测量电路图

（a）输出电阻测量；（b）电压、电流测量结果

　　由图 3-4-2 可见，测得输出回路的激励电压有效值为 707.106 mV，电流为 517.861 μA，输出电阻

$$R_o = \frac{v_o}{i_o} = \frac{707.106}{517.861} = 1.365 \text{ k}\Omega$$

3.4.3　幅频特性的测量

　　可以用示波器测量放大电路的增益，以电阻分压式共射极放大电路为例，图 3-4-3（a）是测量电压放大倍数的电路图，图 3-4-3（b）是示波器输出波形。

　　移动测试标尺可以读出输入输出波形幅值，进而计算出电压放大倍数，但发现标尺处于不同位置计算出的结果不同，仅可作为估计值，此外，输出波形与输入波形相比，存在一定相移，不是理想的反相，即发生了相移，相移大小与频率有关，这就是该放大电路的相频特性。

　　除了用示波器进行放大倍数测量的方法。还有两种方法：扫描分析法和波特仪测量法。

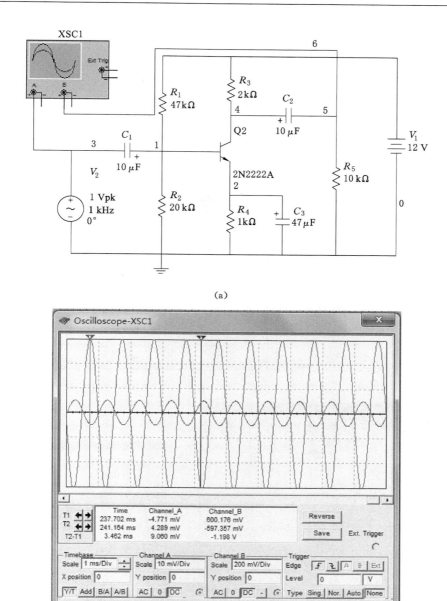

图 3-4-3　分压式共射放大电路放大倍数的测量

（a）测量电压放大倍数电路图；（b）示波器输出波形

3.4.3.1　扫描分析法

　　由菜单 Simulate/Analyses/AC Analysis，弹出 AC Analysis（交流分析）对话框，如图 3-4-4 所示，选项卡 Frequency Parameters 中设置 Start frequency（起始频率，本例设为 1Hz）、Stop frequency（终止频率，本例设为 10 GHz）、Sweep type（扫描方式，本例设为 Decade，十倍频扫描）、Number of points per decade（每十倍频的采样点数，默认为 10）、Vertical scale(纵坐标刻度,默认是 Logarithmic,即对数形式,本例选择 Linear,即线性坐标,更便于读出其电压放大倍数)。

在 Output 选项卡中选择节点 5 的电压 V[5]为分析变量,按下 Simulate(仿真)按钮,得到图 3-4-4(b)所示的频谱图,包括幅频特性和相频特性两个图。

在幅频特性波形图的左侧,有个红色的三角块指示,表明当前激活图形是幅频特性,为了详细获取数值信息,按下工具栏的 Show/Hide Cursors 按钮,则显示出测量标尺和数据窗口,移动测试标尺,则可以读取详细数值,如图 3-4-3(c)和 3-4-4(d)所示。同理,可激活相频特性图形,进行相应测量。

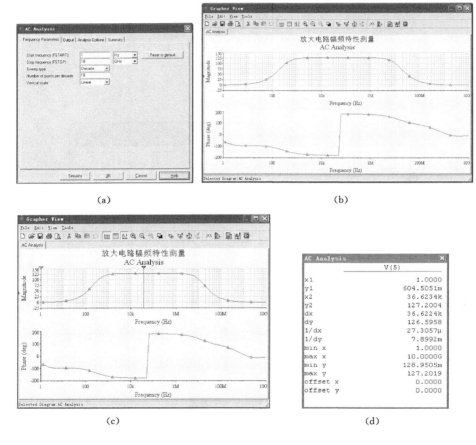

图 3-4-4　扫描分析法进行放大电路幅频特性测量

(a) AC Analysis 对话框;(b) 被分析节点的幅频和相频特性;

(c) 用测试标尺读取详细数值;(d)频响数据

3.4.3.2　波特仪测量法

波特仪(Bode Plotter)也称为扫频仪,用于测量电路的频响(幅频特性、相频特性),将波特仪连接至输入端和被测节点,如图 3-4-5(a)所示,双击波特仪,获得频响特性,图 3-4-5(b)是幅频响应,图 3-4-5(c)是相频响应。

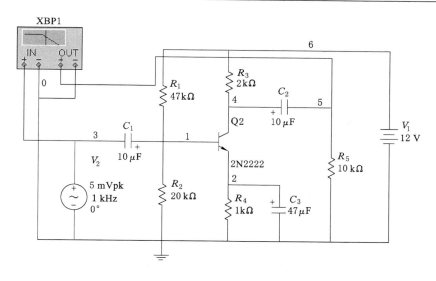

(a)

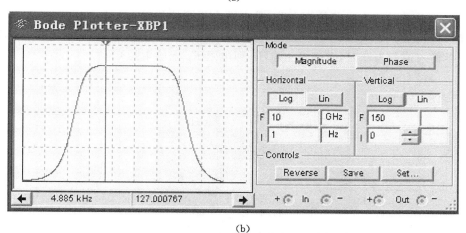

(b)

(c)

图 3-4-5　扫描分析法进行放大电路幅频特性测量

(a) 波特仪测试频响电路图;(b) 幅频特性测试结果;(c) 相频特性测试结果

波特仪的面板设置：

（1）Mode：模式选择，点击 Magnitude 获得幅频响应曲线，选择 Phase 获得相频响应曲线；

（2）水平和垂直坐标：点击 Log 选择对数刻度，点击 Lin 选择线性刻度；

（3）起始范围：F 文本框内填写终了值及单位，I 文本框内填写起始值及单位。

3.5 差动放大电路

3.5.1 差动放大电路仿真电路

直接耦合是多级放大的重要级间连接方式，对直流信号、变化缓慢的信号只能用直接耦合，但随之而来的是零点漂移问题，影响电路的稳定，解决这个问题的一个办法是采用差动放大电路，在电子设备中常用差动放大电路放大差摸信号，抑制温度变化、电源电压波动等引起的共模信号。

图 3-5-1 是差动放大电路仿真电路，是由两个相同的共射放大电路组成的，当开关 J1 拨向左侧时，构成了一个典型的差动放大电路，调零电位器 R_W 用来调节 Q1、Q2 管的静态工作点，使得输入信号为 0 时，双端输出电压（即电阻 R_L 上的电压）为 0。

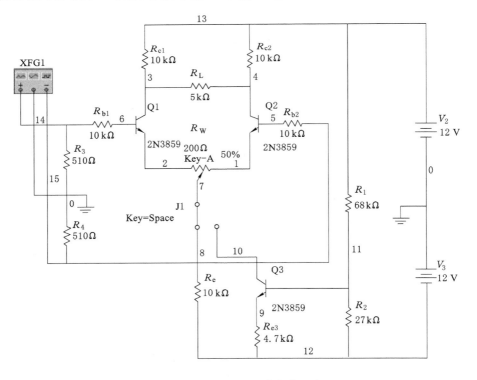

图 3-5-1　差动放大电路仿真电路

当开关 J1 拨向右侧时，构成了一个具有恒流源的差动放大电路，用恒流源代替射极电阻 R_e，可以进一步提高抑制共模信号的能力。

　　差动放大电路的输入信号既可以是交流信号,也可以是直流信号。图 3-5-1 中,输入信号由函数发生器提供,函数发生器(Function Generator)可以产生正弦波、三角波、矩形波电压信号,可设置的参数有:频率、幅值、占空比、直流偏置,频率范围很宽(0.001 pHz～1 000 THz)。

　　差动放大电路需要一正一负两个电压源,实际中不存在负的电压源,将正极接地,则电压源的负极可以提供负的电压,因此,按照图中的接法可以提供正负电压源。

　　差动放大电路有两个输入端和两个输出端,因此电路组态有双入双出、双入单出、单入双出、单入单出 4 种,凡是双端输出,差摸电压放大倍数与单管情况下相同,凡是单端输出,差摸电压放大倍数为单管情况下的一半。

3.5.2　差动放大电路的调零

　　调零是指差动放大器输入端不接入信号,调整电路参数使两个输出端达到等电位。

　　图 3-5-2 中是调整电位器 R_W,使节点 3 和节点 4 的电压相同,这时可认为左右两侧的电路已经对称,调零工作完成。

　　图中的电压读数也是两个三极管的集电极静态工作电压。

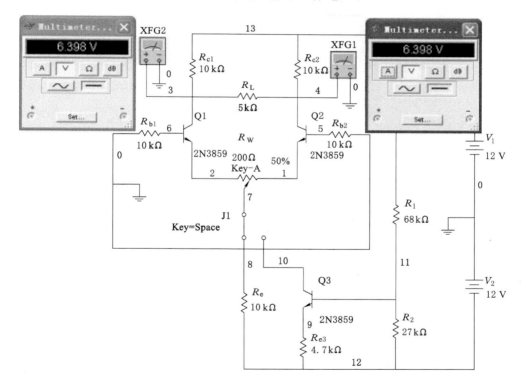

图 3-5-2　差动放大电路的调零

3.5.3　差动放大电路的静态工作点

　　采用菜单命令 Simulate/Analysis/DC Operating Point,选择节点仿真可以获得静态工作点指标,下面采用另一种方法,将电流表和电压表接入仿真电路,获得更直观的静态工作点测量结果,如图 3-5-3 所示。

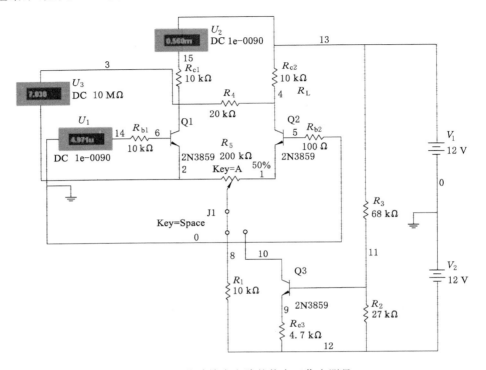

图 3-5-3　差动放大电路的静态工作点测量

3.5.4　差模增益和共模增益测量

3.5.4.1　差模电压增益

双端输入双端输出情况下的差摸电压放大倍数是输出端电压差除以输入端电压差。

为获得较大电压增益,将仿真电路的参数进行一些调整,测量电路如图 3-5-4 所示。

函数发生器设置为输出正弦波,频率 1 kHz,幅值 5 mV,"+"端和"-"端接入差动放大电路的两个输入端,COM 端接地。

用电压表测量输入端的电压差,注意双击电压表,将测量模式(Mode)改为交流(AC)模式。

由图中测量数据,输入端电压差为 7.071 mV,输出端电压差为 308.991 mV,双入双出模式时的差摸电压增益为

$$A_{ud} = \frac{308.991\ \text{mV}}{7.071\ \text{mV}} \approx 43.7$$

当开关 J1 拨向右侧时,以恒流源代替射极电阻,则差摸电压增益增加到

$$A_{ud} = \frac{316.654\ \text{mV}}{7.071\ \text{mV}} \approx 44.8$$

仿真可发现,负载电阻 R_L 对增益值影响很大,此外,调零电阻 R_w、基极电阻 R_{b1}、R_{b2}、集电极电阻 R_{c1}、R_{c2} 均有影响。

3.5.4.2 共模电压增益

将两输入端短接,COM 端接地,构成共模输入方式,如图 3-5-5 所示。

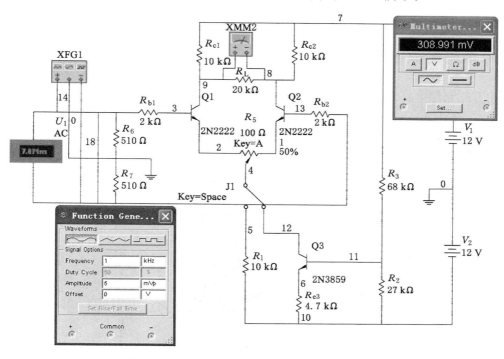

图 3-5-4 双入双出差动放大电路的差摸增益测量

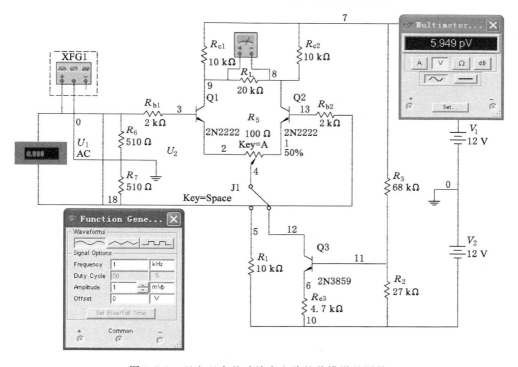

图 3-5-5 双入双出差动放大电路的共摸增益测量

调整输入信号频率为 1 kHz，幅值为 1 mV，在负载电阻两端接万用表，测得输出电压为 6 pV 左右，"皮"的数量级为 10^{-12}，几乎为零。可见，差动放大电路对共模信号有很强的抑制效果。

3.6 集成运放电路

由分立元件构成的电路具有电子设计上灵活性大的优点，但缺点是功耗大、稳定性差、可靠性差，此外，设计本身较复杂。集成电路采用微电子技术构成具有特定功能的电路系统模块，与分立元件构成的电路相比，性能有了很大提高，电子设计也更为简单。

集成运算放大器是高增益、高输入阻抗、低输出阻抗、直接耦合的线性放大集成电路，功耗低、稳定性好、可靠性高。可以通过外围元器件的连接构成放大器、信号发生电路、运算电路、滤波器等电路。

以集成运放 μA741 为例，图 3-6-1 是 μA741 的管脚示意图及实物照片。

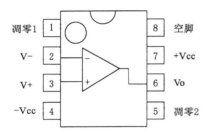

图 3-6-1　集成运放 μA741 管脚示意图及实物照片

3.6.1　比例放大电路

用 μA741 组成同相比例放大电路，仿真电路图如图 3-6-2 所示。根据同相比例电路的增益公式，图 3-6-2 的电压增益应为：

$$A_{\mathrm{vf}} = 1 + \frac{R_{\mathrm{f}}}{R_1} = 3。$$

从波形上看，输入、输出同相位，用测试标尺测量幅值，可发现输出与输入的比例为 3，在一定范围内调整负载电阻，波形基本不变，说明该电路带负载能力强。同理，可以进行反相比例放大电路的仿真，图 3-6-3 是集成运放 μA741 构成的反相比例放大电路，其电压增益应为：$A_{\mathrm{vf}} = -\dfrac{R_{\mathrm{f}}}{R_1} = -2$，这与示波器读数一致。

由仿真可见，由运算放大器构成比例放大电路的电路结构简单、设计容易、性能稳定、带负载能力强。

3.6.2　有源滤波电路

根据滤波电路中有无有源元件可将滤波器电路分为无源滤波器和有源滤波器，无源滤波器由无源元器件（电阻、电容、电感）构成电路网络，但其滤波特性随着负载的变化而变化，负载效应明显，不能满足很多应用场合的要求，有源滤波器则通过运放电路提高输入阻抗，降低输出阻抗而大大减少了负载效应。

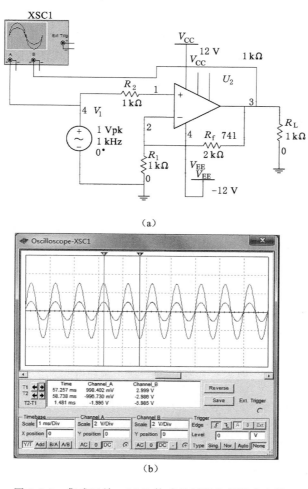

（a）

（b）

图 3-6-2　集成运放 μA741 构成的同相比例放大电路

（a）同相比例放大电路；（b）输入、输出电压波形

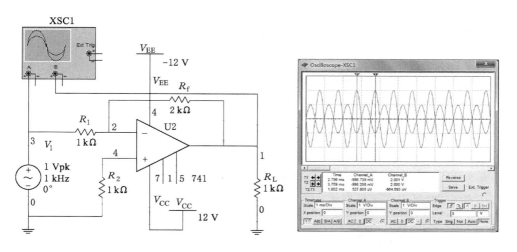

图 3-6-3　集成运放 μA741 构成的反相比例放大电路及波形

简单的有源滤波器是在无源滤波器输出端接一个由运放电路构成的电压跟随器或同相比例放大器,使得滤波同时可以放大信号,并且提高带负载能力。

图 3-6-4 是简单的二阶低通有源滤波电路,运放 U_1 和电阻 R_f、R_3 构成同相比例放大电路,放大倍数为 $A_u = 1 + \dfrac{R_f}{R_1} = 2$,电阻 R_1、电容 C_1、电阻 R_2、电容 C_2 组成的 RC 网络是二阶低通滤波电路,其特征频率为 $f_0 = \dfrac{1}{2\pi RC} = \dfrac{1}{2\pi \times 47 \times 10^3 \times 10 \times 10^{-9}} = 338.79\ \text{Hz}$。信号源是幅值为 1 V 的交流电压源。

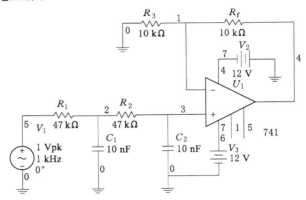

图 3-6-4　简单二阶低通有源滤波电路

用菜单命令 Simulate/Analyses/AC Analysis 对其进行交流分析,频率范围设置为 1 Hz～1 MHz,扫描类型 Sweep type 选择 Decade,纵坐标 Vertical Scale 选择 Linear,Output 选项卡中选择节点 4 作为分析节点,单击 Simulate 按钮,可得到其频率特性,如图 3-6-5 所示。

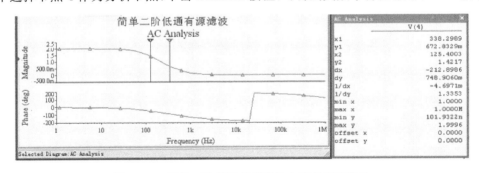

图 3-6-5　简单二阶低通有源滤波电路的频率特性

由频率特性可以看出:最大输出为 1.999 6 V,截止频率为对应 $1.999\ 6/\sqrt{2} = 1.414$ V(即增益下降 3 dB)的频率,约为 125.400 3 Hz(标尺 2 处),而在特征频率处(标尺 1 处,338.298 9 Hz),幅值已下降至 672.832 9 mV,可见,实际的截止频率远小于特征频率。为缩小二者的差别,可引入正反馈增大特征频率处的幅值,这就是所谓的压控电压源二阶低通滤波器。

将电容 C_1 的下端直接接在滤波器输出端,构成图 3-6-6 所示的压控电压源二阶低通滤波器,其频率特性如图 3-6-7 所示。

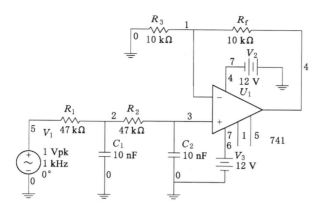

图 3-6-6　压控电压源二阶低通滤波电路

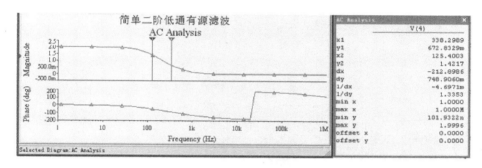

图 3-6-7　压控电压源二阶低通滤波电路的频率特性

可以看出,特征频率处的幅值有所增大,在特征频率处(测量标尺 1,338.298 9 Hz)幅值增大为 1.985 7 V,截止频率为 1.414 V 所对应的频率,在测量标尺 2 处(幅值为 1.391 2),对应频率为 439.260 5 Hz,二者差距由约 213 Hz 缩小至约 100 Hz,特征频率和截止频率差距大大缩小了。

品质因数 Q 的物理意义是特征频率处的电压增益与通带电压增益之比,理论分析给出品质因数 Q 与通带增益 A_{up} 的关系为:$Q = \dfrac{1}{3 - A_{up}}$,而在本节例中,通带增益 $A_{up} = 1 + \dfrac{R_f}{R_3}$,因此,改变运放电阻 R_f 或者 R_3 即可改变品质因数。

3.7　直流稳压电源

3.7.1　桥式整流滤波电路

建立如图 3-7-1 所示的单相桥式整流滤波电路,变压器取值 Basic Group 组的 BASIC_VIRTUAL 中的 TS_VIRTUAL,设置变比(本例设为 10),变压器的二次侧有 3 个抽头,可以有两种接法,如图 3-7-1 中的(a)和(b)所示,前者的整流波形最大值约为 15 V,后者约为 30 V,整流桥选自 Diodes 组中的 FWB 中的元件。

以图 3-7-1(b)电路为例,图 3-7-2 是该单相桥式整流滤波电路的输出波形,图 3-7-2(a)是未接入滤波电容 C_1 时的输出波形,即整流桥输出波形,图 3-7-2(b)是接入滤波电容 C_1 时的输出波形,可见,桥式整流后用滤波电容进行滤波,电压平均值上升,电压波动(波纹系数)减小了。

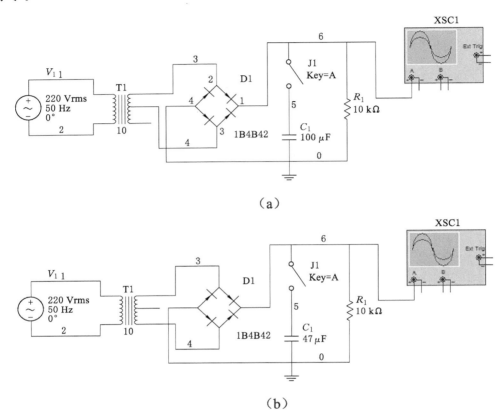

图 3-7-1 单相桥式整流滤波电路

(a)变压器输出 15 V 整流波形;(b)变压器输出 30 V 整流波形

但是,RC 回路参数对波形影响很大,波形与滤波电容的大小有关系,也与负载大小有关系。将负载增至 10 kΩ,输出波形如图 3-7-2(c)所示,可见输出电压的波动进一步减小,若继续将滤波电容增至 100 μF,则电压波形趋于理想,如图 3-7-2(d)所示。

当负载较轻(对应负载电阻大),对电压波形要求不高时,可采用这种方式提供直流电压,为减少纹波系数,可适当增大滤波电容。

3.7.2 串联线性稳压电路

串联稳压是指稳压元件(调整三极管)与负载串联的稳压电路,图 3-7-3 是串联线性稳压电路,稳压管取自 Diodes 组的 DIODES_VIRTUAL 中的 ZENER_VIRTUAL,可修改稳压值;调整三极管的选择要确保最大耗散功率满足要求(一般不小于 2 W),并保证电流输出能力(对应最小输出电压);取样电阻取千欧级以降低功耗。

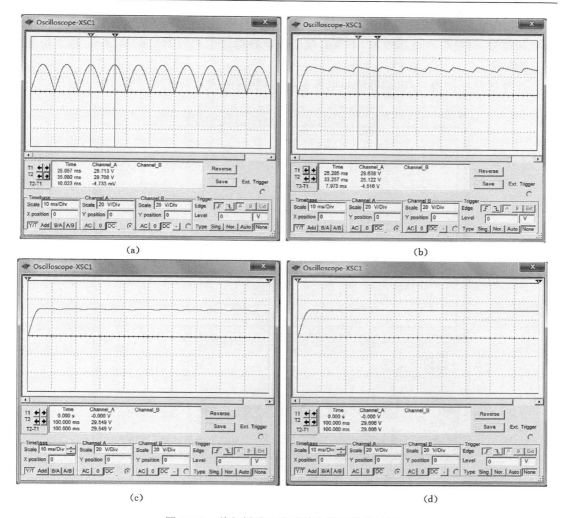

图 3-7-2　单相桥式整流滤波电路的输出波形

（a）未接入滤波电容 C_1 时的输出波形；（b）接入滤波电容 C_1 时的输出波形

（c）电容为 47 μF、负载为 10 kΩ 时的输出波形；（d）电容为 100 μF、负载为 10 kΩ 时的输出波形

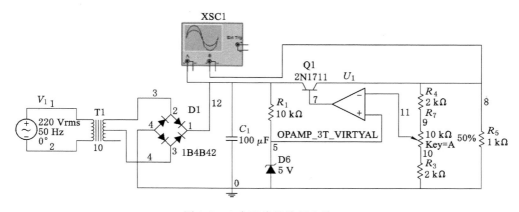

图 3-7-3　串联线性稳压电路

图 3-7-4 是串联线性稳压电路的输入、输出波形,示波器上部的波形是串联稳压电路输入电压信号,可见存在电压纹波,下部的波形是串联稳压电路的输出电压信号,几乎是理想的直流电压。

调整取样电位器,可以调整输出电压的幅值,获得一定可调范围的直流输出电压。

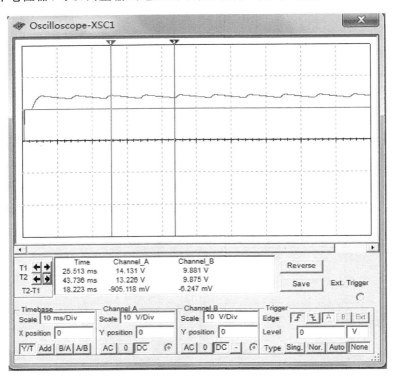

图 3-7-4　串联线性稳压电路输入、输出波形

第 4 章　电工基础实验

本章分别介绍了元件伏安特性、基尔霍夫定律、戴维宁定理等实验内容,这些电路基础实验,多数都是应用电路分析理论进行的验证性实验,虽然实验方法及实验过程相对简单,但是却是后续实验的基础,必须高度重视,认真完成实验任务。

本章实验内容的教学课时建议为 10 个学时左右,根据课程安排可自行调整。

4.1　电路元件伏安特性的测绘

4.1.1　实验目的

① 学习使用一般电路元件的方法。
② 掌握线性电阻、非线性电阻伏安特性的测试方法。
③ 掌握直流电路设备和测量仪表的使用方法。

4.1.2　预习要求

① 复习教材中有关欧姆定律、电路元件及其伏安特性的概念,知道伏安特性的意义,了解不同电路元件伏安特性的不同特点和变化规律。
② 预习直流稳压电源、直流电压表、直流电流表的使用方法,重点预习直流电路表的串联使用方法。

4.1.3　实验仪器和设备

实验所用仪器和设备如表 4-1-1 所示。

表 4-1-1　　　　　　　　　　　　　　　实验仪器设备

序　号	名　　称	型号与规格	数　量
1	可调直流稳压电源	0～30 V	1
2	直流数字毫安级电流表	0～500 mA	1
3	直流数字电压表	0～300 V	1
4	二极管	IN4007	1
5	稳压管	2CW51	1
6	白炽灯	12 V	1
7	线性电阻器	200 Ω,1 kΩ	各 1

4.1.4 实验原理

任何一个二端电路元件的特性都可以通过该元件上的电压 U 与流过该元件的电流 I 之间的函数关系 $I=f(U)$ 来表示,即用 $I-U$ 平面上的一条曲线来表示,这条曲线称为该元件的伏安特性曲线。

① 线性电阻的伏安特性曲线是一条通过坐标原点 $(0,0)$ 的倾斜直线,如图 4-1-1 所示,其中 a 直线斜率的倒数等于该电阻的电阻值。电阻值与电压、电流的大小及方向无关。线性电阻元件具有双向性。

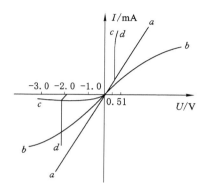

图 4-1-1 元件的伏安特性曲线

② 白炽灯的伏安特性如图 4-1-1 中 b 曲线所示。白炽灯在正常工作时,灯丝处于高温状态,其灯丝电阻随着温度的升高而增大,通过它的电流越大,其温度越高,阻值也越大。白炽灯的"冷电阻"和"热电阻"的阻值可相差几倍至几十倍。白炽灯的伏安特性对称于原点,因而具有双向性。

③ 半导体二极管是一个非线性电阻元件,其伏安特性如图 4-1-1 中 c 曲线所示。其特性曲线关于原点是不对称的,因而具有明显的方向性。当正向压降很小(一般锗管约为 $0.2\sim0.3$ V,硅管约为 $0.5\sim0.75$ V)时,正向电流也很小,超过此值正向电流随正向压降的升高而急剧上升;而反向电压从零一直增加到十几至几十伏时,其反向电流增加很小,则会导致二极管击穿、损坏。

④ 稳压二极管是一种特殊的半导体二极管,如图 4-1-1 中 d 曲线所示,其正向特性与普通二极管类似,但其反向特性较特别,在反向电压开始增加时,其反向电流几乎为零,但当反向电压增加到某一数值时(称该管的稳压值),电流将突然增加,随后它的端电压将维持恒定,不再随外加反向电压的升高而增大。

4.1.5 实验电路及内容

① 测定线性电阻器的伏安特性。关闭相关直流电源,按图 4-1-2 所示接线,经检查无误后,根据表 4-1-2 的要求调节直流稳压电源的输出电压 U,由 0 V 开始缓慢地增加一直到 10 V,记下负载相应电流表的读数(电流表的测量方法参考图 4-1-3)。注意做反向特性实验时,只要将图 4-1-2 所示的电源反接即可,读数记录在表 4-1-2 中。

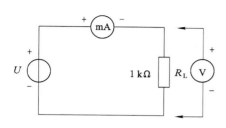

图 4-1-2　测定线性电阻器的伏安特性　　　　　图 4-1-3　电流表测量示意图

表 4-1-2　　　　　　　　　　　　　线性电阻器实验数据记录表

正向 U/V	0	2	4	6	8	10
正向 I/mA						
反向 $-U$/V	0	-2	-4	-6	-8	-10
反向 $-I$/mA						

　　② 测定非线性白炽灯灯泡的伏安特性。将图 4-1-2 所示的 R_L 换成一只 12 V 的小灯泡,重复步骤①的实验内容,读数记录在表 4-1-3 中。

表 4-1-3　　　　　　　　　　　　　非线性白炽灯实验数据记录表

正向	U/V	0	0.3	0.6	0.9	1.2	1.5	1.8	2.0
	I/mA								
	U/V	3.0	4.0	5.0	6.0	7.0	8.0	9.0	10.0
	I/mA								
反向	$-U$/V	0	-0.3	-0.6	-0.9	-1.2	-1.5	-1.8	-2.0
	$-I$/mA								
	$-U$/V	-3.0	-4.0	-5.0	-6.0	-7.0	-8.0	-9.0	-10.0
	$-I$/mA								

　　③ 测定半导体二极管的伏安特性。按电路图 4-1-4 所示接线,R 为限流电阻,测二极管 D 的正向特性时,正向压降可在 $0\sim0.75$ V 之间取值。特别是在 $0.5\sim0.75$ V 之间更应多取几个测量点,测量正向电流到 25 mA,读数记录在表 4-1-4 中;做反向特性实验时,只要将图 4-1-4 中的二极管 D 反接,将其反向电压逐步加到 30 V 左右,读数记录在表 4-1-5 中。

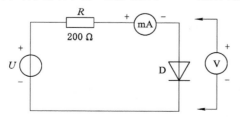

图 4-1-4　测定半导体二极管的伏安特性

表 4-1-4　　　　　　　　　半导体二极管正向特性实验数据记录表

U/V	0	0.2	0.4	0.5	0.58	0.55	0.60	0.62	0.64	0.66	0.68	0.70	0.72	…
I/mA														<25

表 4-1-5　　　　　　　　　半导体二极管反向特性实验数据记录表

$-U/V$	0	−5	−10	−15	−20	−25	−30
$-I/mA$							

④ 测量稳压二极管的伏安特性。只需将图 4-1-4 中的二极管换成稳压二极管即可,重复步骤③的实验内容,读数分别记录在表 4-1-6 和表 4-1-7 中。

表 4-1-6　　　　　　　　　稳压二极管正向特性实验数据记录表

U/V	0	0.2	0.4	0.5	0.58	0.55	0.60	0.62	0.64	0.66	0.68	0.70	0.72	…
I/mA														<25

表 4-1-7　　　　　　　　　稳压二极管反向特性实验数据记录表

$-U/V$	0	−5	−10	−15	−20	−25	…
$-I/mA$							$\|I\|<20$

4.1.6　实验注意事项

① 直流稳压电源在实验过程中不得短路。

② 做不同实验前,应先估计电压值和电流值,选择合适的仪表量程,勿使仪表超量程,仪表的极性也不得接错。

③ 当测量二极管正向特性时,稳压电源输出应由最小值开始逐渐增加,注意电流表读数不得超过 25 mA。测稳压二极管反向特性时,注意电流表读数不得超过 20 mA。

4.1.7　实验报告

① 根据各实验的测量数据,分别在坐标纸上绘制出光滑的伏安特性曲线。所有电路元件的正、反向特性均要求画在同一个坐标平面内。其中二极管和稳压管的正、反向电压可取不同的比例尺。

② 根据实验结果,自己归纳被测各元件的伏安特性。

③ 进行必要的误差分析。

④ 最后要进行实验后的思考。

4.1.8　思考题

① 线性电阻与非线性电阻有什么区别? 电阻器与二极管的伏安特性有什么区别?

② 设某元件伏安特性曲线的函数式为 $I=f(U)$,试问在逐点绘制曲线时,其坐标变量应该怎么放置?

③ 稳压二极管与普通二极管的伏安特性有什么区别？分别有什么用途？

4.2　基尔霍夫定律的验证

4.2.1　实验目的

① 加深理解基尔霍夫定律，掌握应用基尔霍夫定律分析电路的基本方法。
② 加深理解设置电量参考方向的必要性，了解参考方向在实验过程中应用方法。
③ 掌握测量基本直流电量以及使用电流插头、插座测量各支路电流的方法。
④ 初步掌握实验电路简单故障的分析方法。

4.2.2　预习要求

① 复习教材中有关基尔霍夫定律的相关内容，知道适用条件。
② 使用 Multisim 仿真软件对基尔霍夫定律进行仿真验证，并记录和分析仿真结果。
③ 熟悉实验任务和步骤，准备实验器材，了解本实验的基本方法和注意的问题。
④ 预习数字万用表、直流稳压电源等的基本使用方法。
⑤ 了解实验电路出现故障的一般检查和分析方法。

4.2.3　实验任务

① 依据给定的实验电路设计实验过程，验证基尔霍夫定律的正确性。
② 在验证基尔霍夫定律的电路基础上，设计实验过程，进一步验证叠加定理和齐次性定理的正确性。
③ 根据实验电路出现的连线或元件故障，进行相应的检查、分析和排除。

4.2.4　实验仪器设备

① 直流稳压电源。
② 数字万用表。
③ 直流毫安表。
④ 电工实验箱。
⑤ 连接线。

4.2.5　实验原理

基尔霍夫定律是电路的基本定律，它规定了电路中各支路电流之间和各支路电压之间必须服从的约束关系，无论电路元件是线性的或是非线性的，时变的或是非时变的，只要电路是集总参数电路，都必须服从这个约束关系。

基尔霍夫电流定律（KCL）：在集总参数电路中，任何时刻，对于任一节点，所有支路电流的代数和恒等于零，即 $\sum I = 0$。通常约定：流出节点的支路电流取正号，流入节点的支路电流取负号。如图 4-2-1 所示为电路中某一节点 M，共有 5 条支路与它相连，流出节点的支路电流取正号，根据基尔霍夫定律就可以得出：

$$i_1 + i_4 + i_5 = i_2 + i_3$$

基尔霍夫电压定律(KVL):在集总参数电路中,任何时刻,沿着任一回路内所有支路或元件电压的代数和恒等于零,即 $\sum U = 0$。通常约定:凡支路电压或元件电压的参考方向与回路的绕行方向一致者取正号,反之取负号,如图 4-2-2 所示,电路中以顺时针为正方向,根据基尔霍夫电压定律可知:

$$U_S + U_R + U_L - U_C = 0$$

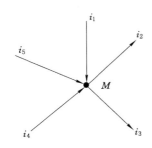

图 4-2-1 基尔霍夫电流定律示意图

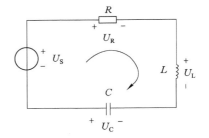

图 4-2-2 基尔霍夫电压定律示意图

4.2.6 实验内容

4.2.6.1 电流专用测件的结构和使用

测量电压采用并联法,测试很方便;而测量电流必须采用串联接法,故测试过程较繁琐。为简化操作,可在被测支路中接入电流专用测件加以解决。它实际上就是耳机插座和耳机插头,其结构如图 4-2-3 所示。在图 4-2-3(a)中,耳机插座由 2 个合金弹簧片构成,平常处于闭合状态;2 个金属片分别引出 A、B 接线端,可在需要时接到被测支路中。耳机插头见图 4-2-3(b),其触头和触臂为金属部分,中间夹有绝缘层。触头外接红色的测试引线(+),触臂外接黑色的测试引线(一),它们可作为电流表的表笔使用。

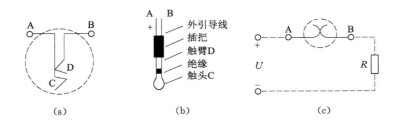

图 4-2-3 电流专用测件的结构
(a)插座结构示意;(b)插头结构示意;(c)插座符号及接法

使用时,耳机插座接到被测支路中,如图 4-2-3(c)所示。耳机插头接到电流表的测试孔上,如图 4-2-4 中间部分所示。平时耳机插座的 2 个金属片闭合,对电路的工作没有影响。在测试电流时,只需将(与电流表相连)耳机插头插到(与电路连接)耳机插座上即可。这时,插头的触头和触臂分别串联接到插座的两端,即将电流表串接到插座的所在支路中。显然,这样测量电流比普通测量方法要方便许多。

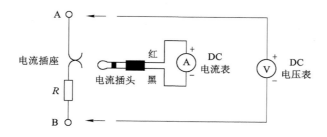

图 4-2-4　耳机插口接入测试孔示意图

4.2.6.2　参考方向的意义

参考方向并不是一个抽象的概念,而是有具体的意义。例如在图 4-2-4 左侧为某直流电路的一条支路,在不知道该支路电压极性情况下,如何测量该支路电压呢? 首先需要假定一个电压参考方向,设 U 的参考方向为 A 指向 B。那么,电压表的正极(红表笔)和负极(黑表笔)分别与 A、B 端连接。测量时,若电压表(模拟表)指针顺时针偏转指示或(数字表)显示正值,说明其参考方向与实际方向一致,则该支路的电压记为正值。反之,若电压表指针逆时针偏转或显示负值,说明其参考方向与实际方向相反,应记为负值。即调整两表笔后再读数,虽然显示为正值,但该支路电压仍然也要记为负值。

若在被测支路上串联耳机插座,使用电流专用测件来测量电流时就很方便。判断支路电流的参考方向与测量电压时的情况相同,这里不再赘述。

4.2.6.3　基尔霍夫定律

（1）电路连接

图 4-2-5(a)是原理电路,EEL-74A 挂箱已按图 4-2-5(b)接成实验电路。如果没有挂箱,可按图 4-2-5(b)连接。在图 4-2-5(b)中,4、5 两点之间应接入 51 Ω(可取 EEL-52B 挂箱)电阻,U_{S1} 接 6 V 电源的输出端,电压调到 12 V。S_1 和 S_3 开关都扳到左侧,S_2 扳到右侧。设定 3 条支路的电流参考方向,如图中 I_1、I_2、I_3 所示,都流进节点 C。各电阻上的电压与电流取关联参考方向。

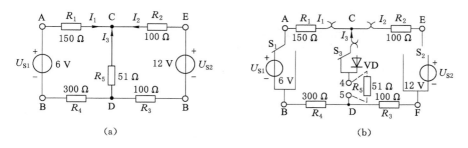

图 4-2-5　基尔霍夫定律实验电路
(a) 原理电路;(b) 实验电路

（2）验证基尔霍夫电流定律

将电流插头分别插入 3 条支路的 3 个电流插座中,用直流数字电流表测量各支路电流值,并将读出的数据记入表 4-2-1 中。

表 4-2-1   支路电流的数据

支路电流	计算值/mA	测量值/mA	相对误差
I_1			
I_2			
I_3			
$\sum I$			

利用表 4-2-1 的数据验证基尔霍夫电流定律。

（3）验证基尔霍夫电压定律

测量电压前应取下电流插头。以两个回路来验证 KVL，回路 I 为 ACDBA，回路 II 为 CEFDC。用直流数字电压表依次测量两个回路中各元件的电压值，并将数据记入表 4-2-2 中。

注意：测量时可选顺时针方向绕行，电压表的红表笔（正）应接在被测电压参考方向的高电位端，黑表笔（负）接在被测电压参考方向的低电位端。

表 4-2-2   各元件电压的数据

	U_{AC}	U_{CD}	U_{DB}	U_{BA}	I 回路 $\sum U$	U_{CE}	U_{EF}	U_{FD}	U_{DC}	II 回路 $\sum U$
计算值/V										
测量值/V										
相对误差										

利用表 4-2-2 中的数据验证基尔霍夫电压定律。

注意：实验过程中通常采用"一表制"原则，即以同一个仪器仪表来测试同类参数。例如图 4-2-5 所示电路中所有需要测量的电压值，均以同一直流数字电压表测量的读数为准，电压源输出的显示值只能作为参考，以减小仪器误差。

4.2.7 实验注意事项

① 测量各电流时，应根据选定的参考方向确定电流表的极性，注意使用指针式电流表时，若指针反偏，应将电流表的极性反接，但读书记为负值。

② 在测量不同的电量时，应首先估算电压和电流值，以选择合适的仪表量程，且应注意仪表的极性不能接错。

4.2.8 实验报告

① 完成表格中数据的计算，进行必要的误差分析。
② 根据实验数据，验证 KCL、KVL 的正确性。
③ 分析误差产生的原因。
④ 心得体会。

4.2.9 思考题

① 测量电压、电流时，如何判断数据前的正、负符号？符号的意义是什么？

② 在实验中,实测数据与仿真数据之间产生误差的主要原因何在? 实测数据与估算数据之间误差的主要原因是什么?

4.3　叠加原理的验证

4.3.1　实验目的

验证电路叠加定理,加深对线性电路的叠加性和齐次性的认识和理解。

4.3.2　实验仪器和设备

① 可调直流稳压电源:0～30 V。
② 万用表。
③ 直流数字电压表:0～200 V。
④ 直流数字毫安表:0～200 mA。
⑤ 叠加原理实验线路板:DGJ-03。

4.3.3　实验原理及说明

叠加原理指出,在有多个独立源共同作用下的线性电路中,通过每一个元件的电流或其两端的电压,可以看成是由每一个独立源单独作用时在该元件上所产生的电流或电压的代数和。

线性电路的齐次性是指当激励信号(某独立源的值)增大或减小 k 倍时,电路的响应(即在电路中各电阻元件上所建立的电流和电压值)也将增加或减小 k 倍。

4.3.4　实验内容及步骤

按图 4-3-1 接线,用 DGJ-03 挂箱的"基尔霍夫定律/叠加定理"线路。

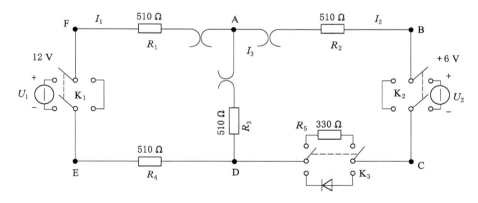

图 4-3-1　叠加定理验证电路图

① 将两路稳压源的输出分别调节为 12 V 和 6 V,接入 U_1 和 U_2 处。
② 令 U_1 电源单独作用(将开关 K_1 拨向 U_1 侧,开关 K_2 拨向短路侧)。用直流数字毫

安表和直流电压表测量 AD 支路的电流及 AD 支路电阻两端的电压,将测量数据记入表 4-3-1。

③ 令 U_2 电源单独作用(将开关 K_1 拨向短路侧,开关 K_2 拨向 U_2 侧),重复上述的测量,将测量数据记入表 4-3-1。

④ 令 U_1 和 U_2 共同作用(开关 K_1 和 K_2 分别拨向 U_1 和 U_2 侧)。重复上述的测量,将测量数据记入表 4-3-1。

⑤ 将 U_2 的数值调至+12 V,重复实验步骤③的测量并记录,数据记入表 4-3-1 中。

⑥ 将 R_5(330 Ω)换成二极管 IN4007(即将开关 K_3 拨向二极管 IN4007 侧),重复实验步骤①～⑤的测量过程,数据记入表 4-3-2。

⑦ 任意按下某个故障设置按键,重复实验步骤④的测量和记录,再根据测量结果判断出故障的性质。

表 4-3-1 　　　　　　　　　　　　　　　　**叠加定理数据**

测量项目	U_1 电源单独作用	U_2 电源单独作用	U_1 和 U_2 共同作用	$2U_2$ 单独作用
U_1				
U_2				
I_1				
I_2				
I_3				
U_{AB}				
U_{CD}				
U_{AD}				
U_{DE}				
U_{FA}				

表 4-3-2

测量项目	U_1 电源单独作用	U_2 电源单独作用	U_1 和 U_2 共同作用	$2U_2$ 单独作用
U_1				
U_2				
I_1				
I_2				
I_3				
U_{AB}				
U_{CD}				
U_{AD}				
U_{DE}				
U_{FA}				

4.3.5　实验预习要求

① 在叠加定理实验中,要令 U_1、U_2 分别单独作用,应如何操作? 可否直接将不作用的电源(U_1 或 U_2)短接置零?

② 实验电路中,若有一个电阻改为二极管,则叠加定理的叠加性和齐次性还成立吗? 为什么?

4.3.6　实验注意事项

① 用电流插头测量各支路电流或者用电压表测量电压降时,应注意仪表的极性,正确判断测得值的"＋""－"号后,记入数据表格。

② 换接线路时,必须关闭电源开关。

③ 注意仪器量程的及时更新。

4.3.7　实验要求报告

① 根据实验原始数据记录,进行分析、比较、归纳、总结实验结论,即验证线性电路的叠加性和齐次性。

② 各电阻器所消耗的功率能否用叠加原理计算得出? 试利用上述实验数据进行计算并给出结论。

③ 心得体会。

4.4　戴维南定理的验证

4.4.1　实验目的

① 加深理解戴维南定理,了解它的基本用途和使用条件。

② 掌握用戴维南定理分析电路的基本方法。

③ 掌握线性有源二端网络等效参数的基本测量方法。

4.4.2　预习要求

① 复习教材中有关戴维南定理和最大功率传输定理,理解它们的基本用途。

② 会使用 Multisim 10 仿真软件,对戴维南定理和最大功率传输定理进行仿真验证,并记录和分析仿真结果。

③ 从理论上验证戴维南定理和最大功率传输定理,将计算的数据进行记录分析。

④ 预习测试戴维南定理等效参数的常用测试方法,了解这些方法的特点和应用场合。

⑤ 熟悉实验任务及步骤,了解本实验的基本方法和注意的问题。对于设计性部分的实验,要设计出实验过程,包括自拟出合适的记录表格。

⑥ 了解实际电压源和实际电流源的等效变换条件,熟悉功率表的使用方法。

4.4.3　实验仪器设备

① 可调直流稳压电源。

② 可调直流稳流电源。

③ 直流毫安表或直流数字毫伏表。

④ 直流电压表或直流数字电压表。

⑤ 万用表。

⑥ 可调电阻箱。

⑦ 电位器。

⑧ 网络板。

4.4.4 实验原理

4.4.4.1 戴维南定理

戴维南定理指出,任何一个有源二端网络,总可以用电压源 U_s 和电阻 R_s 串联组成的实际电压源来代替。其中,U_s 等于该有源二端网络的开路电压 U_{OC},R_s 等于该网络中所有独立电源均置于零后的等效电阻 R_0。那么,$U_s(U_{OC})$ 和 $R_s(R_0)$ 就称为有源二端网络的等效参数。运用戴维南定理可以简化对复杂电路的分析过程。

4.4.4.2 有源二端网络等效参数的测量方法

(1) 开路电压 U_{OC} 的测量

① 直接测量法。当有源二端网络的等效内阻 R_0 远远小于电压表内阻 R_V 时,可将有源二端网络的待测支路开路,直接用数字电压表来测量其开路两端的电压 U_{OC}。

② 零示法。在测量具有高内阻有源二端网络的开路电压时,使用电压表直接测得 U_{OC} 会造成较大误差。为消除表内阻的影响,可采用零示法来间接测量 U_{OC}。其测量原理是用理想电压源与被测有源二端网络进行比较,当调节理想电压源的输出电压与有源二端网络的开路电压相等时,则电压表 V 的读数就为"0"。然后将电路断开,测量此时理想电压源的输出电压 U,即为被测有源二端网络的开路电压 U_{OC}。显然,该方法测量得到的 U_{OC} 值较为准确。

(2) 等效电阻 R_0 的测量

分析有源二端网络的等效参数,关键是求等效电阻 R_0。

① 直接测量法。先将有源二端网络中所有独立电源处理为零,即理想电压源短路,理想电流源断路,把电路变换为无源二端网络。然后用万用表的电阻挡接在开路端口测量,其读数就是 R_0 值。这种测量方法简便,但是对于含受控源的网络不适用,应采用其他方法。

② 外加电压法。这种测量方法是先将有源二端网络中所有独立电源都处理为零,变换为无源二端网络。然后在开路端口 a、b 上从外部施加一个已知的直流电压 U_s,并测量此时流进无源二端网络的电流 I,如图 4-4-1 所示。根据欧姆定律我们可求得等效内阻 R_0:

$$R_0 = \frac{U_s}{I} \tag{4-4-1}$$

外加电压法适用于电压源内阻很小的场合和含有受控源的网络。但是对于内部独立电源不能全部处理为零的有源二端网络,这种方法不适用。

③ 短路电流法。它是在测量开路电压 U_{OC} 基础上,将开路端口 a、b 短路,并串入电流表 A 来测量短路电流值 I_{SC},如图 4-4-2 所示。可求得等效内阻 R_0 为:

$$R_0 = \frac{U_{OC}}{I_{SC}} \tag{4-4-2}$$

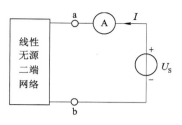

图 4-4-1　外加电压法

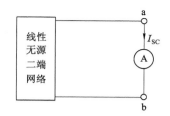

图 4-4-2　短路电流法

④ 伏安法。若网络端口不允许短路时,可以接一个可变的负载电阻 R_L,用电压表和电流表测出有源二端网络的外特性曲线,如图 4-4-3 所示。再依据该曲线求出斜率 $\tan \varphi$,则等效内阻 R_O 为:

$$R_O = \tan \varphi = \frac{\Delta U}{\Delta I} \tag{4-4-3}$$

另一种伏安法是在测量有源二端网络开路电压 U_{OC} 的基础上,在开路端口接上已知负载电阻 R_N,然后按照图 4-4-4 接线,测量在 R_N 下的电压 U_N 和电流 I_N。等效内阻 R_O 为:

$$R_O = \frac{U_{OC} - U_N}{I_N} \quad \text{或} \quad R_O = \frac{U_{OC} - U_N}{U_N} R_N \tag{4-4-4}$$

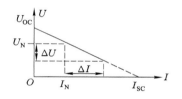

图 4-4-3　伏安法求 R_O 的伏安特性曲线

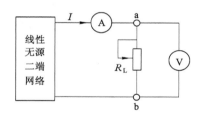

图 4-4-4　伏安法测试电路

⑤ 半电压法。按照图 4-4-5 接线,调节负载电阻,测试负载电压。当负载电压 U_L 等于开路电压 U_{OC} 的一半时,负载电阻 R_L 的大小(可由电阻箱读数或电阻表测值来确定)就是等效内阻 R_O 的数值,这也属于伏安法的典型应用。即

$$R_O = R_L \quad \left(\text{条件}: U_L = \frac{1}{2} U_{OC} \right) \tag{4-4-5}$$

显而易见,用短路电流法、伏安法和半电压法求 R_O 与二端网络的内部结构无关。由于这些方法不需要考虑被测网络内部的结构,所以戴维南定理在电路分析和实验测试中,得到了广泛应用。

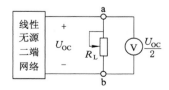

图 4-4-5　半电压法求 R_O

4.4.4.3 最大功率传输定理

在电子技术中,常常希望负载上获得最大功率。如何选择负载电阻,使其获得最大功率就成为研究最大功率传输的主要问题。对于任何线性有源二端网络,都可以用戴维南定理将其简化为图 4-4-6 所示的形式,则负载 R_L 上得到的功率为:

$$P_L = I_O^2 R_L = \left(\frac{U_{OC}}{R_O + R_L}\right)^2 R_L = \frac{U_O^2}{R_L}$$

当 $R_L = R_O$ 时,负载上获得最大功率为:

$$P_{Lmax} = \left(\frac{U_{OC}}{R_O + R_L}\right)^2 R_L = \frac{U_{OC}^2}{4R_L} \tag{4-4-6}$$

故将 $R_L = R_O$ 称为阻抗匹配。也就是说,最大功率传输的条件是电源电路必须满足阻抗匹配。注意,负载得到最大功率时电路的效率并不是最大,而是仅仅为 50%。

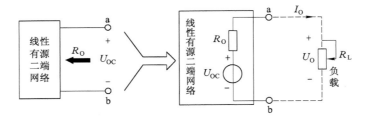

图 4-4-6 戴维南等效电路

4.4.5 实验电路及内容

4.4.5.1 验证戴维南定理

(1)电路连接

按图 4-4-7 所示连接实验线路。其中,$U_S = 12\ V$,$I_S = 20\ mA$,$R_L = 0 \sim 1\ k\Omega$ 可调电阻。将 A、B 支路取出作为外电路,其余部分作为有源二端网络。图中的 S_1 用于切换 A、B 端口是否短接,S_2 开关用于接通或断开负载。

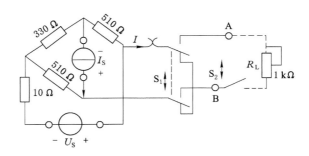

图 4-4-7 验证戴维南定理的实验电路

(2)测量戴维南等效参数

为了对实验数据做到心中有数,可先应用戴维南定理估算有源二端网络的参数,填入表 4-4-1 中,然后用上述方法分别测量戴维南等效参数,填入表 4-4-1 中,并比较理论值与测量值的误差。

表 4-4-1　　　　　　　　　　　　　　　　　戴维南等效参数的数据

	U_{OC}/V		I_{SC}/mA	R_O/Ω	
计算值					
测量值	直接测量法		短路测量法	直接测量法	
				短路电流法	
	零示法			伏安法	

（3）测量有源二端网络的外特性 $U=f(I)$

在图 4-4-7 中,将开关 S_1 切换到 A、B 端口线上,S_2 接上可变负载电阻(可由电阻箱提供),按表 4-4-2 中所列数据调节负载电阻值,分别用电压表和电流表测量不同 R_L 值时所对应的负载电压 U_{AB} 和电流 I,并将测量的数据填入表 4-4-2 中。

表 4-4-2　　　　　　　　　　有源二端网络等效前的外特性数据

R_L/Ω	900	800	700	600	500	400	300	200	100
U_{AB}/V									
I/mA									

根据上表数据,在坐标纸上可绘制出有源二端网络的伏安特性曲线。

（4）测量戴维南等效电路的外特性 $U'_{AB}=f(I')$

用表 4-4-1 得到的等效参数组成戴维南等效电路,如图 4-4-8 所示。重复步骤(3)的实验内容,将测量结果填入到自拟表格中,并与表 4-4-2 中的外特性进行比较,以验证戴维南定理的正确性。

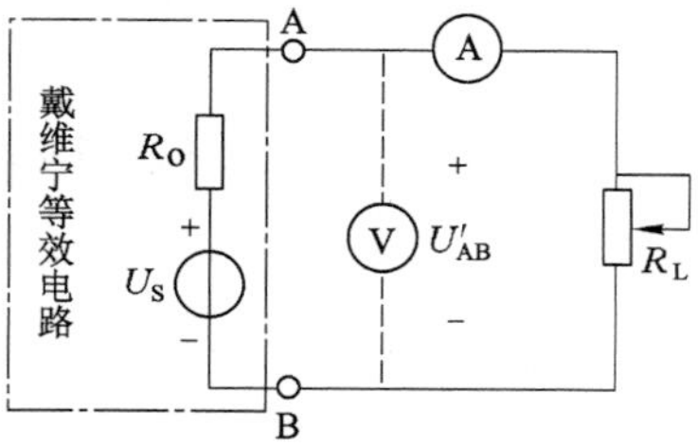

图 4-4-8　戴维南等效电路的外特性

4.4.5.2　验证最大功率传输

在图 4-4-8 的基础上,R_L 选用电阻箱元件,从 $0\sim1\ k\Omega$ 改变负载电阻 R_L 的数值,测量对应的电压、电流,将数据记入表 4-4-3 中。通过测量负载电阻上的电压和电流进行计算。注意,如果表中的电阻取值不合适,可另外选取。

表 4-4-3　　　　　　　　　　　验证最大功率传输的数据

R_L/Ω		0	100	200	300	400	500	600
理论值	U/V							
	I/mA							
	P_L/W							
	$\eta/\%$							
测量值	U/V							
	I/mA							
计算值	P_L/W							
	$\eta/\%$							

4.4.6　实验注意事项

① 测量不同的电量时,应根据预习中计算的电压和电流值选择合适的仪表量程。

② 电路改接时一定要关闭电源。

4.4.7　实验报告及总结

① 说明戴维南定理和最大功率传输定理的实验方案,写出实验的简要过程与步骤。

② 记录实验的原始数据,依据实验结果,在同一坐标纸上画出等效前后的外特性曲线,加以分析比较,从而验证戴维南定理。

③ 将实验结果与仿真分析结果进行比较。

④ 写出对本次实验的小结与体会。

4.4.8　思考题

① 如何测量有源二端网络的开路电压和短路电流,在什么情况下不能直接测量开路电压和短路电流?

② 说明测量有源二端网络开路电压及等效内阻的几种方法,并比较其优缺点。

③ 实验中用各种方法测得的 U_{oc} 和 R_s 是否相等? 试分析原因。

④ 线性有源二端网络传输给可变负载最大功率的条件是什么?

4.5　RLC 电路的阻抗特性和谐振电路

4.5.1　实验目的

① 巩固理解 RLC 串联电路的阻抗特性以及电路发生谐振的条件和特点。

② 掌握电路品质因数 Q 的物理意义,学习品质因数的测定方法。

③ 学习用实验方法测试 RLC 串联电路的频率特性。

4.5.2　预习要求

① 复习 RLC 串联电路的有关知识。

② 根据电路的元件参数值,估算电路的谐振频率。

③ 思考如何判断电路是否发生谐振以及怎样测试谐振点。

④ 思考如何改变电路的参数以提高电路的品质因数。

⑤ 电路发生谐振时,为什么信号源的电压不能太大?

4.5.3　实验仪器和设备

① 函数信号发生器(功率输出)1 台。

② 交流毫伏表 1 台。

③ 双踪示波器 1 台。

④ 电阻 2 只(建议 100 Ω/2 W,200 Ω/2 W)。

⑤ 电感线圈 1 只(建议 0.33 mH)。

⑥ 电容器 1 只(建议 1 μF)。

⑦ 导线若干。

4.5.4　实验原理

在图 4-5-1 所示 RLC 串联电路中,

感抗:
$$X_L = \omega L = 2\pi f L$$

容抗:
$$X_C = 1/\omega C = 1/2\pi f C$$

阻抗:
$$Z = R + \mathrm{j}(X_L - X_C) = |Z| < \varphi$$

阻抗模:
$$|Z| = \sqrt{R^2 + (X_L - X_C)^2}$$

阻抗角:
$$\varphi = \arctan \frac{X_L - X_C}{R}$$

电流相量:
$$\dot{I} = \frac{\dot{U}}{Z} = \frac{U < 0°}{|Z| < \varphi} = \frac{U}{|Z|} < -\varphi$$

如果 U、R、L、C 的大小保持不变,改变电流频率 f,则 X_L、X_C、$|Z|$、φ、I 等都将随着 f 的变化而变化,它们随频率变化的曲线为频率特性。阻抗和电流的频率特性如图 4-5-2 所示。

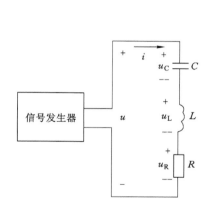

图 4-5-1　RLC 串联电路

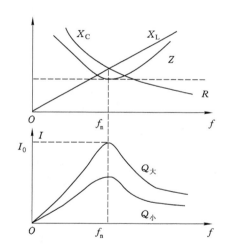

图 4-5-2　阻抗和电流的频率特性曲线

随着频率的变化,当 $X_L > X_C$ 时,电路呈现感性;当 $X_L < X_C$ 时,电路呈现容性;而当 $X_L = X_C$ 时,电路呈现阻性,此时电路出现串联谐振。谐振频率为:$\omega_0 = \dfrac{1}{\sqrt{LC}}$。

电路串联谐振时,有以下特点:

$\dot{U}_L = -\dot{U}_C$,$\dot{U} = \dot{U}_R$,即电感上的电压与电容上的电压数值相等,而相位相差 $180°$,电源电压全部加在电阻上。

电路中电源电压与电流同相,阻抗模最小,$|Z| = R$,而电流最大,$I_0 = U/R$。

工程上把谐振时电感电压 U_L 或电容电压 U_C 与电源电压 U 之比称为该电路的品质因

数,简称 Q 值,即:

$$Q = \frac{U_L}{U} = \frac{U_C}{U} = \frac{\omega_0 L}{R} = \frac{1}{\omega_0 CR}$$

R 值越小,Q 值越大,I_0 也越大,电流特性曲线越尖锐。

4.5.5 实验电路及内容

4.5.5.1 测量 R、L、C 串联电路的阻抗特性

① 按图 4-5-1 接好线路,接通信号发生器电源。调节信号源,使输出电压有效值为 2 V、频率为 1 kHz 的正弦信号,用交流毫伏表测电压大小。

② 保持交流信号源的幅值不变,改变其频率(1~20 kHz),分别测量 R、L、C 上的电压和电流数值,并根据所测结果计算在不同频率下的电阻、感抗、容抗的数值,记录在表 4-5-1 中。

表 4-5-1   **R、L、C 串联电路的阻抗特性**

	频率 f/kHz	1	2	5	10	20
	U_R/V					
R	I_R/mA					
	$R = U_R/I_R$					
	U_L/V					
L	I_L/mA					
	$X_L = U_L/I_L$					
	U_C/V					
C	I_C/mA					
	$X_C = U_C/I_C$					

4.5.5.2 测量 RLC 串联电路的谐振特性

① 连续改变信号发生器输出电压的频率,当 I 最大时,信号源输出电压的频率即为谐振频率 f_0。

② 确定谐振频率 f_0 后,使频率相对 f_0 分别增大和减小,取不同的频率点,用毫伏表分别测得对应的 U_R、U_L、U_C,并计算 Q 值,填入表 4-5-2 中。为使电流频率特性曲线中间突出部分的测绘更准确,可在 f_0 附近多取几个点。

③ 用示波器观察在不同频率下输入电压与电流的相位关系(电阻上的电压波形即为电流波形)。

4.5.5.3 改变电阻值,重复实验步骤①和②,观察品质因数的变化

数据记录到表 4-5-3 中。

4.5.6 实验注意事项

① 改变信号源频率时应保持信号幅度不变;

② 实验中,信号源的外壳应与毫伏表的外壳绝缘(不共地),测量时应将信号源接地端与毫伏表共地。

表 4-5-2　　　　　　　　　　　　　　　　数据记录与计算

	$U=2$ V,$R=$		Ω,$L=$	H,$C=$	F,$f_0=$	Hz,$Q=$	,$I_0=$	A
$f/$Hz								
$U_R/$V								
$U_L/$V								
$U_C/$V								
计算 $I/$A								

表 4-5-3　　　　　　　　　　　　　　　　数据记录与计算

	$U=2$ V,$R=$		Ω,$L=$	H,$C=$	F,$f_0=$	Hz,$Q=$	,$I_H=$	A
$f/$Hz								
$U_R/$V								
$U_L/$V								
$U_C/$V								
计算 $I/$A								

4.5.7　实验报告

① 根据测量数据,绘制出三条幅频特性曲线:$U_R=f(f)$,$U_L=f(f)$,$U_C=f(f)$。

② 根据测量数据绘制出 I 随 f 变化的关系曲线。

③ 计算出 Q 值,说明 R 对 Q 值的影响。

④ 求出谐振频率,比较谐振时,U_L 与 U_C,U_R 与 U 是否分别相等? 分析原因。

⑤ 结合实验情况,对本实验进行小结,包括实验过程中的经验体会。

4.5.8　思考题

① 如何判别电路是否发生谐振? 测试谐振点的方案有哪些? 当 RLC 串联电路发生谐振时,比较输出电压 U_R 与输入电压 U 是否相等? U_L 与 U_C 是否相等? 分析原因。

② 要提高 RLC 串联电路的品质因数,电路参数应如何改变?

③ 改变电路的哪些参数可以使电路发生谐振? 在电路中 R 有什么作用,它的数值是否影响谐振频率?

4.6　日光灯电路及功率因数的提高

4.6.1　实验目的

① 进一步理解交流电路中电压、电流的相量关系。

② 掌握交流数字电压表、电流表、功率表的使用方法。

③ 进一步了解日光灯的工作原理及电路连接关系,掌握提高功率因数的方法。

④ 运用所学基本理论解决实际问题。

4.6.2 预习要求

① 复习单相正弦交流电路的有关理论知识以及参阅日光灯的课外资料,了解正弦交流电路的基本特性、日光灯电路的工作原理和提高功率因数的方法。根据给定的实验电路,完成理论值估算。

② 借助 Multisim 10 仿真软件,掌握阻抗、阻抗角、交流电流、电压和功率的基本测试方法。

③ 了解日光灯电路的接线方法和功率表的连接方法。

④ 熟悉安全用电规定,了解预防触电知识和发生触电事故的应急处理方法。

4.6.3 实验仪器和设备

① 交流电压表。

② 交流电流表。

③ 功率表。

④ 自耦调压器(或隔离调压器)。

⑤ 白炽灯 220 V/40 W(两盏)。

⑥ 日光灯 220 V/30 W(包括镇流器、启辉器)。

⑦电容器若干(耐压 500 V 以上)。

⑧导线及接线板。

4.6.4 实验原理

(1) 正弦交流电路的特性

在正弦交流电路中,电阻元件、电容元件和电感元件的特性是分析交流电路的基础。各元件参数值的测量主要有两种方法:一是用专用仪表,如各类电桥直接测量电阻、电感和电容;二是用交流电压表、交流电流表及功率表分别测量出元件两端的电压 U,通过该元件的电流 I 和它所消耗的功率 P,然后计算得到。后一种方法称为三表法,用于测量 50 Hz 交流电路参数的常用方法。

用三表间接测量交流参数的电路,如图 4-6-1 所示。图中,被测元件分别是白炽灯(电阻)串联、白炽灯和镇流器(电感)串联、白炽灯和电容器串联简单正弦交流电路。由电路理论可知,被测网络端口的电压 U、端口电流 I 及其功率 P,有以下关系。

$$|Z_L| = \frac{U}{I} \quad R = \frac{P}{I^2} \tag{4-6-1}$$

$$X = \pm \sqrt{|Z_L|^2 - R^2} \tag{4-6-2}$$

$$X_L = \frac{U_L}{I_L} \quad 或 \quad L = \frac{X}{\omega}(X>0) \tag{4-6-3}$$

$$X_C = \frac{U_C}{I_C} \quad 或 \quad C = \frac{1}{X\omega} \ (X<0) \tag{4-6-4}$$

以上公式忽略测量仪器的阻抗。如果考虑仪表的内阻抗,需对以上公式加以修正。修正后的参数为

$$R'=R-R_i=\frac{P}{I^2}-R_i \qquad X'=\sqrt{|Z_L|^2-(R')^2} \tag{4-6-5}$$

式中，R、$|Z_L|$ 为修正前根据式（4-6-1）计算得到的电阻值和阻抗值，R_i 为电流表和功率表（电流指示部分）的总电阻值。

在相位关系上，电阻元件上的电流和电压同相；电感元件上的电流落后其端电压 90°；电容元件上的电流超前其端电压 90°。如果被测对象不是单一元件，那么电路的移相角度可根据理论上的阻抗三角形关系确定，也可以根据三表法的实验数据，按以下公式计算：

$$\varphi=\arccos\frac{P}{UI} \tag{4-6-6}$$

注意：由于交流电路中各元件电压之间存在相位差，则电源电压等于各元件电压的相量和，而不是把它们的有效值直接相加。以 RLC 串联正弦交流电路为例，电压之间、阻抗之间和功率之间的关系符合三个相似直角三角形的关系，如图 4-6-2 所示。

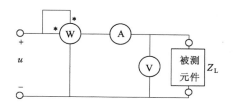

图 4-6-1　三表法测量的电路原理

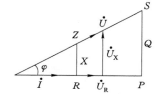

图 4-6-2　RLC 串联电路的相量关系

（2）日光灯及功率因数

日常生活中，感性负载很多，如变压器、电动机等，其功率因数都比较低。当负载端电压一定时，功率因数越低，输电线中的电流就越大，电能在输电线上的损耗增大，传输效率降低，发电设备的容量就得不到充分的利用。从经济效益上来说，也是一个损失，因此应该设法提高负载端的功率因数。

本实验中感性负载电路用日光灯电路代替，一个简单的日光灯电路由灯管、启辉器和镇流器组成，如图 4-6-3 所示。

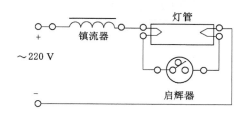

图 4-6-3　日光灯电路

日光灯管的内壁涂有一层荧光粉，灯管两端各有一组灯丝，灯丝上涂有易使电子发射的金属粉末。管内抽成真空，填充氩气和少量的汞。它的启动电压是 400～500 V，启动后管压降只有 80 V 左右。因此，日光灯灯管不能直接接在 220 V 的电源上使用，而且启动时需要高于 220 V 的电压，镇流器和启辉器（启动器）就是为了满足这个要求而设计的。

镇流器是一个带有铁芯的电感线圈，启辉器由一个辉光管（管内由固定触头和倒 U 形双金属片构成)和一个小容量的电容组成,装在一个圆柱形的外壳内。

当启辉器两端加上一定数值的电压时,启辉器产生辉光放电。双金属片因放电而受热伸直,并与固定触头接触,而后启辉器停止放电,冷却接触自动分开。

日光灯起辉过程如下:当接通电源后,启动器内双金属片与固定触头间的气隙被击穿,连续发生火花,双金属片受热伸长,使金属片与触头接触。灯管灯丝接通,灯丝预热而发射电子,此时启辉器两端电压下降,双金属片冷却,因而动金属片与定触头分开。镇流器线圈因灯丝电路断电而感应出很高的感应电动势,与电源电压串联加到灯管的两端,使管内气体电离产生弧光放电而发光。此时启辉器两端所加电压值等于灯管点燃后的管压降,这个 80 V 左右的电压不再使双金属片打火,故启辉器停止工作。所以启辉器在电路中的作用相当于一个自动开关,镇流器在灯管启动时产生高压,有启动前预热灯丝及在正常工作时限流的作用。

日光灯工作时,灯管可以认为是一电阻负载,镇流器可以认为是一个电感量较大的感性负载,两者串联构成一个 RL 串联电路。因电路中所消耗的功率为 $P = UI \cos \varphi$,故测出 P、U、I 后,即可求出电路的功率因数 $\cos \varphi$ 值。

功率因数较低时,可并联适当容量的电容器来提高电路的功率因数,当功率因数等于 1 时,电路产生并联谐振,此时电路的总电流最小。若并联电容容量过大,则产生过补偿。

4.6.5　实验电路及内容

4.6.5.1　功率表的连接

功率表有数字式和模拟式两种,内部均由电流测量仪表和电压测量仪表共同组成。其中的电流测量仪表(线圈)与负载串联,电压测量仪表与电源并联,电流仪表和电压仪表的同名端(*)必须连接在一起。本实验建议使用数字式功率表,连接方法与模拟式功率表相同,如图 4-6-4 所示。其中电压和电流的量程分别选 450 V 和 3 A。另外,数字式功率表大多还可以测量功率因数。

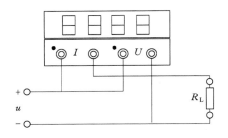

图 4-6-4　功率表的连接

4.6.5.2　正弦交流电路参数的测定

(1) 测量白炽灯的电阻

电路按图 4-6-5 所示进行连接,图中 $S_1 \sim S_3$ 为切换开关。如果没有开关,可用导线代替。断开导线相当于开关断开;接上导线,可将该支路闭合。被测电阻用 2 个 220 V/40 W 的白炽灯串联而成(即只将 S_1 开关接通),由自耦调压器调压使 U 为 220 V(用电压表测量),然后测量电压、电流、功率和功率因数。将电压 U 调到 110 V,重复上述实验。两次测

量的 I、P 数据,记录到表 4-6-1 中。根据表中数据来计算电阻值,与理论值作比较。

(2) 测量镇流器的参数

将图 4-6-5 中的两个白炽灯与镇流器串联,即将 S_2 接通,将交流电压 U 分别调到 180 V 和 90 V,测量电压、电流、功率和功率因数,记录到表 4-6-1 中。通过数据计算电感量,并验证 RL 电路的电压三角形关系。

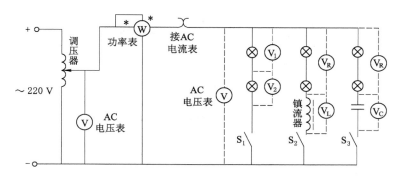

图 4-6-5　正弦交流电路参数的测试

表 4-6-1　　　　　　　　　　　　测定不同负载电路的实验数据

负载测试参数	U/V	I/A	P/W	$\cos\varphi$	计算		
					R	L	C
电阻负载							
感性负载							
容性负载							

(3) 测量电容器容抗

将图 4-6-5 中的两个白炽灯与 5.3 μF/630 V 电容器串联,即 S_3 接通,将电压 U 调到 220 V,测量电压、电流、功率和功率因数,记录到表 4-6-1 中。依据记录的数据计算电容量,并验证 RC 电路的电压三角形关系。

4.6.5.3　日光灯电路及改善功率因数测试

(1) 按图 4-6-6 所示接线

将调压器旋钮逆时针调到底,使输出电压为零,此时 $S_1 \sim S_5$ 均处于断开状态。接通电源,调节调压器,使其输出电压缓慢增加,直至日光灯点亮发光稳定位置。将此时三表的数据记录到自拟表格中。再将电压升至额定电压 220 V,保持一段时间,待灯管性能参数稳定后,开始实验,测量日光灯电路正常工作的功率 P、电流 I、电源电压 U、镇流器电压 U_L、灯管端电压 U_B 以及功率因数 $\cos\varphi_L$,记录到自拟表格中。

(2) 保持 220 V 电压不变,并联电容 C,改变电容值

观察总电流 I、负载功率 P 的变化。测量并联不同电容时的电路功率 P,电流 I、I_L、I_C,电压 U、U_L、U_B 和改善后的功率因数 $\cos\varphi$。将数据记录到表 4-6-2 中。

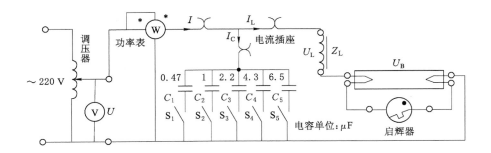

图 4-6-6　提高功率因数的实验电路

表 4-6-2　　　　　　　　　　　改善功率因数的实验数据

$C/\mu F$ 测试	P/W	I/A	I_L/A	I_C/A	U/V	U_L/V	U_B/V	$\cos\varphi$
0.47								
1								
1.47								
2.2								
3.2								
5.3								
6.5								

4.6.6　实验注意事项

① 本实验使用 220 V 的交流电源,故一定要注意安全用电,做到断电接线,断电换线。

② 灯管一定要与镇流器串联后接到电源上,切勿将灯管直接接到 220 V 电源上。

③ 日光灯启动时,启动电流很大,电流表不能直接连接在电路中,以防止损坏电流表。

④ 接线正确,日光灯不能启辉时,应检查启辉器及其接触是否良好。

⑤ 当 $C=0$ 时,只要断开电容连线即可,千万不要两线连线短路,这样会造成电源短路。

4.6.7　实验报告

① 说说本次实验的设计过程,写出实验的简要过程与步骤。

② 根据图 4-6-5 所示的实验结果,分别计算白炽灯的电阻值、电容器的容抗和电容值、镇流器的电阻 R 和电感量 I。

③ 记录图 4-6-5 中的原始数据和理论估计值。依据实验结果,在坐标纸上画出在不同测量元件时的阻抗三角形和电压三角形关系,并与理论估算值进行比较。

④ 根据图 4-6-6 中的实验数据,计算日光灯的电阻值,画出各电压和电流的相量图,说明各电压和各电流之间的关系。

⑤ 结合实验情况,对本次实验进行小结。

4.6.8　思考题

① 在 50 Hz 的正弦交流电路中,测得一个铁芯线圈的 P、I 和 U,如何计算它的电阻值及电感量?

② 在图 4-6-5 中,有什么简便的实验方法来判断各条支路的阻抗性质呢?

③ 当日光灯缺少启辉器时,人们常用一根导线将启辉器插座的两端短接一下,然后迅速断开,使日光灯点亮,或用一只启辉器去点亮多个同类型的日光灯,这是为什么?

④ 在图 4-6-5 中,当并联电容后,总功率是否变化? 为什么?

⑤ 在图 4-6-5 的实验过程中,镇流器电压和灯管电压的数量和会大于电源总电压,这是为什么?

4.7　三相电路中负载的连接

4.7.1　实验目的

① 掌握三相负载的正确连接方法。

② 进一步了解三相电路中相电压与线电压、相电流与线电流的关系。

③ 了解三相四线制电路中中线的作用。

4.7.2　预习要求

① 复习三相交流电路有关内容。

② 负载作星形连接或作三角形连接、取用同一电源时,负载的相、线电量(U、I)有何不同?

③ 对称负载作星形连接,无中线情况下断开一相,其他两相发生什么变化? 能否长时间工作处于此种状态?

④ 若三相电源线电压为 380 V,当负载的额定电压为 220 V 时,能否直接连接成三角形? 为什么?

4.7.3　实验仪器与器件

① 交流电压表 1 台。

② 交流电流表 1 台。

③ 电流插孔 6 只。

④ 白炽灯若干。

4.7.4　实验原理

① 三相电源:星形连接的三相四线制电源的线电压和相电压都是对称的,其大小关系为 $U_L = \sqrt{3} U_P$,三相电源的电压值是指线电压的有效值。

② 负载的连接:三相负载有星形和三角形两种连接方式。星形连接时,根据需要可以连接成三相三线制或三相四线制;三角形连接时只能用三相三线制供电。在电力供电系统

中,电源一般均为对称,负载有对称负载和不对称负载两种情况。

③ 负载的星形连接:带中线时,不论负载是否对称,总有下列关系:

$$U_P = \frac{U_L}{\sqrt{3}}, I_L = I_P$$

无中线时,只有对称负载上述关系才成立。若不对称负载又无中线时,上述电压关系不成立,故中线不能任意断开。

④ 负载的三角形连接:负载作三角形连接时,不论负载是否对称,总有 $U_L = U_P$。对称负载时 $I_L = \sqrt{3} I_P$;不对称负载时,上述电流关系不成立。

4.7.5　实验内容

（1）电源测量

测量三相四线制电源的相、线电压,将结果填入表 4-7-1 中。

表 4-7-1　　　　　　　　　　　三相电源数据记录

项目	U_{AB}	U_{BC}	U_{CA}	U_A	U_B	U_C
380 V 电源						

（2）负载星形连接

① 将灯泡负载作对称星形连接,按图 4-7-1 接好线路,检查无误后合上电源开关。

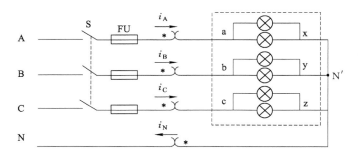

图 4-7-1　三相对称负载星形连接

② 测量图 4-7-1 电路中有中线和无中线时的各电量。将测量得到的数据填入表 4-7-2 中。

表 4-7-2　　　　　　　　　　　负载星形连接数据记录

项目		线电压/V			负载相电压/V			线电流/A			I_N/A
		U_{AB}	U_{BC}	U_{CA}	$U_{AN'}$	$U_{BN'}$	$U_{CN'}$	I_A	I_B	I_C	
对称负载	有中线										
	无中线										
不对称负载	有中线										
	无中线										

③ 将灯泡负载作不对称星形连接,按图 4-7-2 连线,检查无误后合上电源开关。测量不对称负载有中线和无中线时的各电量。将测量得到的数据填入表 4-7-2 中。

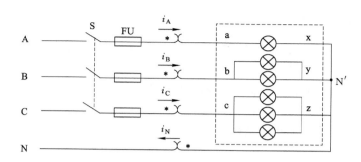

图 4-7-2 不对称负载星形连接

(3) 负载三角形连接

① 按图 4-7-3 连接线路,应注意电源电压仍然为 380 V,因此需每相两灯泡串联。

② 测量对称负载时的各电量。将测量得到的数据填入表 4-7-3 中。

③ 将 c,z 之间的灯泡去掉,如图 4-7-4 所示,测量不对称负载时的各电量。将测量得到的数据填在表 4-7-3 中。

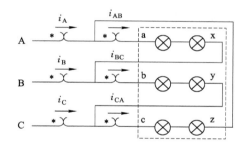

图 4-7-3 对称负载三角形连接

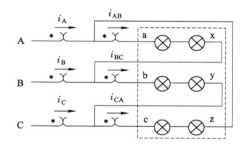

图 4-7-4 不对称负载三角形连接

表 4-7-3 负载三角形连接数据记录

项目	线电压/V			线电流/V			相电流/A		
	U_{AB}	U_{BC}	U_{CA}	I_A	I_B	I_C	I_{AB}	I_{BC}	I_{CA}
对称负载									
不对称负载									

4.7.6 实验注意事项

① 不对称负载连接成星形时,中线断开测量的时间不宜过长,测量完毕应立即断开电源或接通中线。

② 中线上不应加熔断器。

③ 三相负载为白炽灯,额定电压为 220 V,当负载连接成三角形时,应注意电源电压仍然为 380 V,因此需两灯泡串联。

④ 为了便于测量负载三角形连接时的线电流和相电流,在每相负载中及供电线路中应串入电流插口。

4.7.7 实验报告要求

① 根据实测数据,验证对称和不对称情况下,各相值与线值的关系,并与理论值相比较。

② 根据实验数据,画出三相四线制不对称负载星形连接时,相电压、线电压、线电流的相量图。

③ 根据实验结果,说明中线的作用,在什么情况下必须有中线,在什么情况下可以不用中线。

4.7.8 思考题

① 不对称三角形连结的负载能否正常工作? 实验是否能证明这一点?

② 在三相四线制电路中,如果将中性线与一条相线接反将会出现什么现象?

4.8 三相电路功率的测量

4.8.1 实验目的

① 掌握测量三相电路有功功率和无功功率的方法。

② 进一步掌握功率表的接线和使用方法。

4.8.2 预习要求

① 自学有关三相功率的测量方法。

② 了解用两表法测量功率应注意的有关事项。

4.8.3 实验仪器与器件

① 交流电压表:0~500 V,2 只。

② 交流电流表:0~5 A,2 只。

③ 单相功率表:2 只。

④ 万用表。

⑤ 三相自耦调压器。

⑥ 三相灯组负载:220 V,40 W,8 个。

⑦ 三相电容负载:3.47 μF/600 V。

4.8.4 实验原理

① 在三相四线制电路中,不论负载是否对称,三相负载所吸收的功率都等于各相负载的功率之和,故可用三只功率表分别测量,再将三相功率表的读数相加,就得到负载总功率;如果负载对称,由于各相功率相等,只要用一只功率表测量任意一相功率再乘以 3 即可。

② 三相三线制供电系统中,不论三相负载是否对称,也不论负载是 Y 接还是△接,都可以用二功率表法测量三相负载的总有功功率。测量线路如图 4-8-1 所示。若负载为感性或容性,且当相位差 $\varphi > 60°$ 时,线路中的一只功率表指针将反偏(数字式功率表将出现负读数),这时应将功率表电流线圈的两个端子调换(不能调换电压线圈端子),其读数应记为负值,而三相总功率 $\sum P = P_1 + P_2$(P_1, P_2 本身不含任何意义)。

③ 对于三相三线制供电的三相对称负载,可用一功率表法测量三相负载的总无功功率 Q,测试原理线路如图 4-8-2 所示。图示功率表读数的 $\sqrt{3}$ 倍即为对称三相电路总的无功功率。

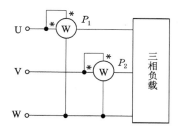

图 4-8-1　二表法测三相功率

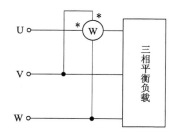

图 4-8-2　三相对称负载—功率表法测三相负载总无功功率原理图

4.8.5　实验内容

① 用一功率表法或三功率表法测量四线制对称和不对称的三相负载功率,实验电路如图 4-8-1 所示,电路中的电流表和电压表用以监视三相电流和电压,以免超过功率表的电流和电压量程。

在确认接线无误后,接通电源。如果没有特殊说明,工业现场以及实验涉及的三相线电压均为 380 V。为安全起见,本书实验中使用的三相线电压,只要设备工作允许,则建议调节调压器使输

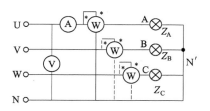

图 4-8-3　用一功率表法或三功率表法测量三相负载功率

出的线电压为 220 V。然后按照表 4-8-3 的要求进行测试,将实验数据记入表 4-8-1 中,并计算三相电路的总功率。若用一功率表测量三相不对称负载功率,应分别对各相负载进行测量,因此图 4-8-1 中的两只功率表接线均用虚线表示。

表 4-8-1　　　　三相四线制星形连接的三相负载功率数据

负载情况	各相灯数/个			功率测量数据/W			计算值/W
	A	B	C	P_A	P_B	P_C	P
Y_0 对称负载	2	2	2				
Y_0 不对称负载	2	2	4				

② 用二功率表法测量三相负载功率,实验电路参考图 4-8-1,自行完善电路设计。用白

炽灯作对称和不对称的三相负载,分别接成星形和三角形的三相三线制电路。实验过程与上述相同,线电压为 220 V,然后按照表 4-8-2 中内容进行测试和记录实验数据,并计算三相电路的总功率。

表 4-8-2   三相三线制不同接法的三相负载功率数据

负载情况	各相灯数/个			功率测量数据/W		计算值/W
	A	B	C	P_1	P_2	P
Y 对称负载	2	2	2			
Y 不对称负载	2	2	4			
△ 对称负载	2	2	2			
△ 不对称负载	2	2	4			

③ 测量无功功率。实验电路按图 4-8-2 所示连接。图中,对称三相电路由白炽灯和电容器并联组成容性负载,电容为 3.47 μF,耐压值为 600 V。一功率表按图中要求连接,用于测量三相对称负载的无功功率,要求自行设计实验过程和数据表格,并完成实验。

4.8.6   实验注意事项

① 注意正确接线。二功率表的接线方法,每只表的两组线圈的同名端各自应接在一起,然后接到电源侧上,再将电流线圈的另一端串入相线中,电压线圈并接在没有电流线圈的第 3 条相线上。在测量、记录各电压、电流时,要注意分清它们是哪一组,哪一线,防止记错。

② 每次实验完毕,均需将三相调压器旋柄调回零位。每次改变接线时,均需断开三相电源以确保人身安全。

4.8.7   实验报告

① 完成数据表格中的各项测量和计算任务。比较一功率表法(或三功率表法)和二功率表法的测量结果。

② 总结、分析三相电路功率测量的方法和结果。

③ 做本实验的心得体会。

4.9   *RC* 一阶电路的暂态分析

4.9.1   实验目的

① 研究 *RC* 一阶电路的零输入响应、零状态响应的基本规律和特点。

② 研究 *RC* 微分电路和积分电路在脉冲信号激励下的响应波形。

③ 学习用示波器测量信号的基本参数和一阶电路的时间常数。

④ 进一步提高使用示波器和函数信号发生器的能力。

4.9.2　预习要求

① 根据实验电路的参数,计算电容器在零输入响应与零状态响应状态下的初始值 U_0 和电路的 τ 值。

② 积分电路和微分电路必须具备什么条件? 定性画出在方波激励下微分电路与积分电路的输出波形。

4.9.3　实验仪器与器件

① 双踪示波器 1 台。
② 函数信号发生器 1 台。
③ 电阻若干。
④ 电容器若干。

4.9.4　实验原理

4.9.4.1　RC 电路的响应

（1）零输入响应

动态电路在没有外加激励时,由电路中动态元件的初始储能引起的响应称为零输入响应。图 4-9-1 所示电路中,设电容上的初始电压为 U_0,根据 KVL 可得:

$$u_C(t) + RC\frac{\mathrm{d}u_C(t)}{\mathrm{d}t} = 0, t \geqslant 0$$

且:

$$u_C(0_-) = u_C(0_+) = U_0$$

由此可以得出电容器上的电压和电流随时间变化的规律:

$$u_C(t) = U_0 e^{-\frac{t}{\tau}}, t \geqslant 0 \quad \tau = RC$$

$$i_C(t) = -\frac{U_0}{R} e^{-\frac{t}{\tau}}, t \geqslant 0 \quad \tau = RC$$

可以看出电容器上的电压是按照指数规律衰减的,如图 4-9-2 所示,其衰减的快、慢取决于时间常数 $\tau = RC$。当 $t = \tau$ 时,$u_C(\tau) = 0.368U_0$。工程上一般认为当 $t = 5\tau$,即 $u_C(5\tau) = 0.0067U_0$ 时,电容器上的电压已衰减到零。

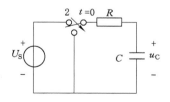

图 4-9-1　RC 电路的零输入响应

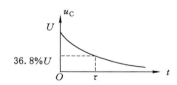

图 4-9-2　零输入响应曲线

（2）零状态响应

电路在零初始状态下(即动态元件初始储能为零),由外加激励引起的响应称为零状态响应。图 4-9-3 所示电路中,设电容上的初始电压为零。根据 KVL 可得:

$$u_{\mathrm{C}}(t)+RC\frac{\mathrm{d}u_{\mathrm{C}}(t)}{\mathrm{d}t}=U,t\geqslant 0$$

$$u_{\mathrm{C}}(0_-)=u_{\mathrm{C}}(0_+)=0$$

由此可以得出电容器上的电压和电流随时间变化的规律：

$$u_{\mathrm{C}}(t)=U(1-\mathrm{e}^{-\frac{t}{\tau}}),t\geqslant 0 \quad \tau=RC$$

$$i_{\mathrm{C}}(t)=\frac{U}{R}\mathrm{e}^{-\frac{t}{\tau}},t\geqslant 0 \quad \tau=RC$$

由此可以看出电容器上的电压是按照指数规律增加的，如图 4-9-4 所示，其增加的快慢取决于电路参数 τ。当 $t=\tau$ 时，$u_{\mathrm{C}}(\tau)=0.632U$。工程上一般认为当 $t=5\tau$，即 $u_{\mathrm{C}}(5\tau)=0.993\,3U$ 时，电容器上的电压已达到恒定值 U，此时可视为电容开路，电流为零。

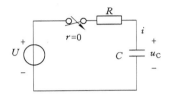

图 4-9-3　RC 电路的零状态响应　　　　图 4-9-4　零状态响应的曲线

（3）全响应

当一个非零初始状态的一阶电路受到激励时，电路的响应称为全响应。图 4-9-3 所示的电路中，若电容上的初始电压为 U_0。根据 KVL 可得：

$$u_{\mathrm{C}}(t)+RC\frac{\mathrm{d}u_{\mathrm{C}}(t)}{\mathrm{d}t}=U \quad (c\geqslant 0) \quad 且 \quad u_{\mathrm{C}}(0_+)=U_0$$

由此得出电容器上的电压随时间变化的规律：

$$u_{\mathrm{C}}(t)=U(1-\mathrm{e}^{\frac{t}{\tau}})+u_{\mathrm{C}}(0_+)\mathrm{e}^{-\frac{t}{\tau}}=[u_{\mathrm{C}}(0_+)-U]\mathrm{e}^{-\frac{t}{\tau}}+U,t\geqslant 0$$

　　零状态分量　　　零输入分量　　自由分量　　强制分量

上式表明：

① 全响应是零状态分量和零输入分量之和，它体现了线性电路的可加性。

② 全响应也可以看成是自由分量和强制分量之和。自由分量的起始值与初始状态和输入有关，而随时间变化的规律仅仅决定于电路的 R,C 参数；强制分量则仅仅与激励有关。当 $t\to 0$ 时，自由分量趋于零，过渡过程结束，电路进入稳态。

对于上述零状态响应、零输入响应和全响应的一次过程，$u_{\mathrm{C}}(t)$ 的波形可以用长余辉示波器直接显示出来。示波器工作在慢扫描状态，观察信号接在示波器的 DC 耦合输入端。

（4）方波响应

当方波的半个周期远大于电路的时间常数（$\frac{T}{2}\geqslant 5\tau$）时，可以认为方波某一边沿到来时，前一边沿所引起的过渡过程已经结束。这时，一个周期方波信号作用的响应为：

$$u_{\mathrm{C}}(t)=\begin{cases} U(1-\mathrm{e}^{\frac{t}{\tau}}), & 0\leqslant t\leqslant \frac{T}{2} \\ U\mathrm{e}^{\frac{t-\frac{T}{2}}{\tau}}, & \frac{T}{2}\leqslant t\leqslant T \end{cases}$$

可以看出,电路对上升沿的响应就是零状态响应;电路对下降沿的响应就是零输入响应。方波响应是零状态响应和零输入响应的多次过程。因此,可以用方波响应借助普通示波器来观察和分析零状态响应和零输入响应,并从中测出时间常数 τ,如图 4-9-5 所示。

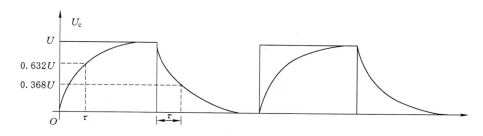

图 4-9-5　RC 电路方波响应

4.9.4.2　微分电路和积分电路

微分电路和积分电路是 RC 一阶电路中较典型的应用电路。对电路元件参数和输入信号的周期有着特定的要求。

如图 4-9-6 所示的电路,电容没有初始储能,当时间常数 $\tau = RC \ll \dfrac{T}{2}$ 时,$u_0(t) = RC\dfrac{\mathrm{d}u_i(t)}{\mathrm{d}t}$。可见,输出电压信号与输入电压的微分成正比,称为 RC 微分电路。如果输入波形为方波时,输出波形为尖脉冲。

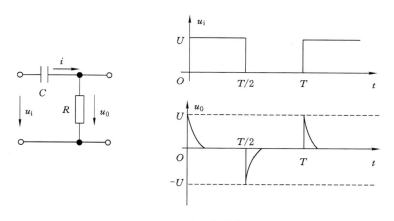

图 4-9-6　RC 微分电路及波形图

当 RC 串联电路从电容两端输出电压信号,且满足 $\tau = RC \gg \dfrac{T}{2}$ 时,如图 4-9-7 所示。此时 $u_0 \approx \dfrac{1}{RC}\displaystyle\int_0^t u_i(t)\,\mathrm{d}t$。可见,输出电压与输入电压的积分成正比,称为 RC 积分电路。如果输入信号为方波,输出波形近似为一个三角波。

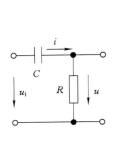
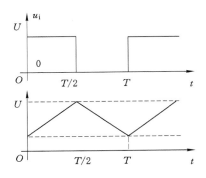

图 4-9-7 *RC* 积分电路及波形

4.9.5 实验内容

（1）观测 *RC* 电路的零输入响应与零状态响应

① 在函数信号发生器上调出幅度为 1 V、重复频率为 1 kHz 方波信号，用示波器 CH1 通道观察其波形参数，使各项参数符合规定要求。

② 按图 4-9-3 接好线路。用示波器 CH2 通道观察电容上的输出波形，要求 CH1，CH2 通道同时显示，且屏幕上刚好显示一个周期的方波信号，记录激励和响应波形，并定量测量电容器在零输入响应与零状态响应状态下的初始值 U_0 和电路的时间常数 τ 并与理论计算值相比较。注意方波响应是否处在零状态响应和零输入响应 $\left(\dfrac{T}{2}>5\tau\right)$ 状态。否则，测得的时间常数会不正确。

③ 改变实验电路的参数，再选择两组 *RC* 参数，重做步骤②的内容。注意改变时间常数时，要相应地改变信号频率，使之满足 $\dfrac{T}{2}>5\tau$ 的条件。

（2）观测微分电路和积分电路的波形

① 按照图 4-9-6 所示电路接线，根据 *R*，*C* 的大小，选取合适的输入方波频率峰-峰值为 1 V，用示波器观察输入、输出电压的波形并记录。保持输入方波信号频率不变，改变 *R*，*C* 参数，观察输出波形有何变化，记录 3 组波形与参数，说明产生波形的原因。

② 按照图 4-9-7 所示电路接线，根据 *R*，*C* 的大小，选取合适的输入方波频率，用示波器观察输入、输出电压的波形与参数并记录。保持输入方波信号频率不变，改变 *R*，*C* 参数，观察输出波形有何变化，记录 3 组波形与参数，说明产生波形的原因。

4.9.6 实验注意事项

① 注意各电路的时间常数与输入信号频率的关系，满足电路要求才能测出正确的数据和波形。

② 示波器和信号源一定要共地。

4.9.7 实验报告

① 整理实验数据。

② 描绘所观察到的各波形,并写出波形参数。

③ 将测量值 U_0,τ 分别与理论计算值作比较。若误差较大,试说明其产生的原因。

④ 电路参数变化时对响应有何影响?

4.9.8　思考题

① 用示波器观察 R,C 一阶电路零输入响应和零状态响应时,为什么激励必须是方波信号?

② 已知 RC 一阶电路的 $R=10$ kΩ,$C=0.01$ μF,试计算时间常数 τ,并根据 τ 值的物理意义,拟定测量 τ 的方案。在 RC 一阶电路中,当 R,C 变化时,对电路的响应有何影响?

③ 何谓积分电路和微分电路,它们必须具备什么条件? 它们在方波激励下,其输出信号波形的变化规律如何? 这两种电路有何功能?

第5章 电气控制基础实验

在工农业生产中,广泛采用继电-接触器控制系统或可编程控制器对交流异步电动机进行各种控制,以完成所需任务。在继电-接触器控制系统中,主要由交流接触器、按钮、热继电器、熔断器等电气实现;在 PLC 系统中,主要由 PLC 装置及程序来实现。完成它们的控制实验,是掌握电气控制技术的基础。

本章基本实验采用三相异步电动机和三相可调电源。对于具有专用电工实验台及其挂箱组件,可使用相应组件上的按钮、接触器、各种继电器等,通过插线后即可测试,其优点是方便接线。没有实验组件的实验室,可根据不同的原理电路选择相应的元器件,先在胶木网孔板上搭接实验电路,再进行相应的实验内容。因为是强电实验,要切实落实安全操作规定,加强对通电前接线是否正确以及通电后测试操作是否规范进行检查,确保安全。

本章基本实验内容的教学课时建议为 10 学时左右,可适当进行调整。

5.1 三相鼠笼式异步电动机

5.1.1 实验目的

① 熟悉三相鼠笼式异步电动机的结构和额定值。
② 学习检验异步电动机绝缘情况的方法。
③ 学习三相异步电动机定子绕组首、末端的判别方法。
④ 掌握三相鼠笼式异步电动机的启动和反转方法。

5.1.2 预习要求

① 鼠笼式三相异步电动机的结构和原理。
② 二功率表法测量三相功率的原理。
③ 空载和短路实验的意义及应注意的问题。
④ 测取鼠笼式三相异步电动机的工作特性的方法。
⑤ 鼠笼式三相异步电动机的启动、调速和改变转向。

5.1.3 实验仪器及材料

实验仪器及材料见表 5-1-1。

表 5-1-1　　　　　　　　　　　　　　　　　**实验仪器及材料**

序号	名　　称	型号与规格	数量
1	可调三相交流电源	0～450 V	1
2	三相鼠笼式异步电动机	DQ20	1
3	兆欧表	500 V	1
4	交流数字电压表	0～500 V	1
5	交流数字电流表	0～5 A	1
6	万用表		1

5.1.4　实验原理

5.1.4.1　三相鼠笼式异步电动机的结构

异步电动机是基于电磁原理把交流电能转换为机械能的一种旋转电机。

三相鼠笼式异步电动机的基本结构是由定子和转子两大部分组成的。定子主要由定子铁芯、三相对称定子绕组和机座等组成,是电动机的静止部分。三相定子绕组一般有六根引出线,出线端装在机座外面的接线盒内,如图 5-1-1 所示,根据三相电源电压的不同,三相定子绕组可以接成星形(Y)或三角形(△),然后与三相交流电源相连。

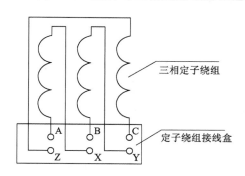

图 5-1-1　三相定子的内部连接

转子主要由转子铁芯、转轴、鼠笼式转子绕组、风扇等组成,是电动机的旋转部分。小容量鼠笼式异步电动机的转子绕组大都采用铝浇铸而成,冷却方式一般都采用扇冷式。

5.1.4.2　三相鼠笼式异步电动机的铭牌

三相鼠笼式异步电动机的额定值标记在电动机的铭牌上。其中:

① 功率:额定运行情况下,电动机轴上输出的机械功率。

② 电压:额定运行情况下,定子三相绕组应加的电源线电压值。

③ 接法:当额定电压为 380 V/220 V 时,定子三相绕组接法应为 Y/△。

④ 电流:额定运行情况下,当电动机输出额定功率时,定子电路的线电流值。

5.1.4.3　三相鼠笼式异步电动机的检查

在电动机使用之前,应进行必要的检查。

(1)机械检查

检查引出线是否齐全、牢靠,转子转动是否灵活、匀称,是否有异常声响等。

（2）电气检查

① 用兆欧表检查电机绕组间及绕组与机壳之间的绝缘性能。

电动机的绝缘电阻可以用兆欧表进行测量。对额定电压 1 kV 以下的电动机,其绝缘电阻值最低不得小于 1 000 Ω/V,测量方法如图 5-1-2 所示。一般 500 V 以下的中小型电动机最低应具有 2 MΩ 的绝缘电阻。

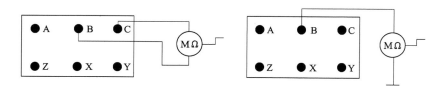

图 5-1-2　电机绝缘性能检查

② 定子绕组首、末端的判别。异步电动机三相定子绕组的六个出线端有三个首端和三个末端。一般首端标 A,B,C,末端标 X,Y,Z。在接线时如果没有按照首、末端的标记来接,那么当电动机启动时磁势和电流就会不平衡,会引起绕组发热、振动、有噪声,甚至电动机不能启动,因过热而烧坏。当因某种原因定子绕组的六个出线端标记无法辨认时,可以通过实验方法来判断其首、末端,方法如下:

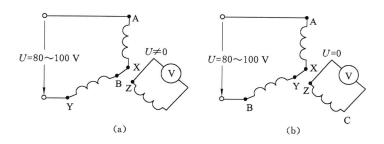

图 5-1-3　三相绕组图

用万用电表电阻挡从六个出线端确定哪一对引出线是属于同一组的,分别找出三相绕组,并标上符号,如 A,X;B,Y;C,Z。将其中的任意两相绕组串联,如图 5-1-3 所示。

将控制屏三相自耦调压器手柄置于零位,开启电源总开关,按下启动按钮,接通三相交流电源。调节调压器输出,使在相串联的两相绕组出线端施以单相低电压 $U=10\sim100$ V,测出第三相绕组的电压,如测得的电压值有一定读数,表示两相绕组的末端与首端相连,如图 5-1-3(a)所示。反之,如测得的电压近似为零,则两相绕组的末端与末端(或首端与首端)相连,如图 5-1-3(b)所示。用同样的方法可以测出第三相绕组的首、末端。

5.1.4.4　三相鼠笼式异步电动机的启动

鼠笼式异步电动机的直接启动电流可达额定电流的 4～7 倍,但持续时间很短,不会引起电机过热而烧坏。但对容量较大的电机,过大的启动电流会导致电网电压的下降,从而影响其他负载的正常运行。通常采用降压启动,最常用的是 Y-△换接启动,它可以使启动电流减小到直接启动的 1/3,其使用的条件是:在正常运行时,必须作△接法。

5.1.4.5　三相鼠笼式异步电动机的反转

异步电动机的旋转方向取决于三相电源接入定子绕组时的相序,故只要改变三相电源与定子绕组连接的相序,便会使得电动机改变旋转方向。

5.1.5　实验内容

① 抄录三相鼠笼式异步电动机的铭牌数据,并观察其结构。
② 用万用表判别定子绕组的首、末端。
③ 用兆欧表测量电动机的绝缘电阻,将数值填入表 5-1-2 中。

表 5-1-2　　　　　　　　　　　　　　　　绝缘电阻

各相绕组之间的绝缘电阻/MΩ		绕组对地之间的绝缘电阻/MΩ	
A 相与 B 相		A 相与地	
A 相与 C 相		B 相与地	
B 相与 C 相		C 相与地	

5.1.5.1　鼠笼式异步电动机的直接启动

（1）采用 380 V 三相交流电源

将三相自耦调压器手柄置于输出电压为零的位置,在控制屏上把三相电压表切换开关置于"调压输出"侧,根据电动机的容量选择合适的交流电流表量程。

开启控制屏上三相电源总开关,按启动按钮,此时自耦调压器原绕组端 U_1, V_1, W_1 得电,调节调压器输出,使得 U,V,W 端输出线电压为 380 V,三只电压表指示应基本平衡。保持自耦调压器手柄位置不变,按停止按钮,自耦调压器断电。

① 按图 5-1-4 所示接线,电动机三相定子绕组接成 Y 接法,供电线电压为 380 V。实验线路中 Q_1 和 FU 由控制屏上的接触器 KM 和熔断器 FU 代替,学生可由 U,V,W 端子开始接线,以后各控制实验均如此。

② 按控制屏上的启动按钮,电动机直接启动,观察启动瞬间电流冲击情况和电动机旋转方向,记录启动电流。启动运行稳定后,将电流表量程切换至较小量程的挡位上,记录空载电流。

③ 电动机稳定运行后,突然拆除 U,V,W 中的任一相电源,观测电动机作单相运行时电流表的读数,并进行记录。仔细倾听电机的运行声音有什么变化。

④ 电动机启动之前先断开 U,V,W 中的任一相,作缺相启动,观测电流表读数,进行记录数据,观察电动机是否启动,再仔细听电动机是否发出异常声响。

⑤ 实验完毕,按控制屏"停止"按钮,切断实验线路三相电源。

（2）采用 220 V 三相交流电源

调节调压器输出使输出线电压为 220 V,电动机定子绕组接成△接法。按图 5-1-5 所示接线,重复 1 中各项内容,并记录。

5.1.5.2　异步电动机的反转

电路如图 5-1-6 所示,按控制屏启动按钮,"启动"电动机,观察启动电流及电动机旋转方向是否反转。

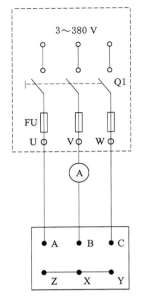

图 5-1-4　Y 形接法

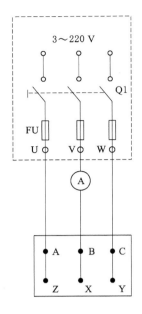

图 5-1-5　△形接法

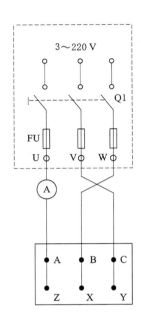

图 5-1-6　电机反转接线图

实验完毕,将自耦调压器调回零位,按控制屏"停止"按钮,切断实验线路三相电源。

5.1.6　注意事项

① 本实验是强电实验,接线或改线及实验后都必须断开实验线路的电源,特别是改接线路和拆线时必须遵守"先断电,后拆线"的原则。电机在运转时,电压和转速均很高,切勿碰触导电和转动部分,以免发生人身和设备事故。为了确保安全,学生应穿绝缘鞋进入实验室。接线或改线必须经指导老师检查后方可进行实验。

② 启动电流持续时间很短,且只能在接通电源的瞬间读取电流表指针偏转的最大读数(因指针偏转的惯性,此读数与实际的启动电流数据略有误差),如错过这一瞬间,需将电动机停车,待停稳后,重新启动,再读取数据。

③ 单相运行时间不能太长,以免过大的电流导致电机的损坏。

5.1.7　实验报告

① 总结对三相鼠笼式异步电动机绝缘性能检查的结果,判断该电机是否完好可用。

② 对三相鼠笼式异步电动机的启动、反转及各种故障情况进行分析。

5.1.8　思考题

① 如何判断异步电动机的六个引出线,如何连接成 Y 形或△形,又根据什么来确定该电动机作 Y 形或△形接法?

② 缺相是三相电动机运行中的一大故障,在启动或运转时发生缺相,会出现什么现象?有什么后果?

③ 电动机转子被卡住不能转动,如果定子绕组接通三相电源将会发生什么后果?

5.2　三相异步电动机的顺序控制

5.2.1　实验目的

① 进一步熟悉继电-接触器基本控制电路的工作原理以及选用器件的使用方法。

② 掌握三相异步电动机顺序启动控制电路的工作原理,熟悉该电路的正确接线、检查和分析判断方法。

③ 在顺序启动电路的基础上,学会设计典型的顺序停车控制电路。

④ 熟悉用 PLC 实现电动机顺序启动控制电路的编程和调试方法。

5.2.2　预习要求

① 认真预习实验教材中有关本实验的内容,了解连锁触点的作用。

② 画出顺序停车的控制电路图,简述其工作过程。

③ 熟悉本实验任务及步骤,准备相关实验器材,了解实验组件的使用方法和注意事项。

④ 了解本实验电路可能出现故障的一般分析和检查方法。

⑤ 在扩展实验之前,需要了解有关 PLC 的原理、编程设计和外部接线方法。

5.2.3　实验任务

① 从外观上进一步熟悉各种电气器件的结构、基本测试及判断方法。

② 根据图 5-2-1 电路设计实验过程,并进行连线、检查、操作和观察电路的运行情况;然后自己设计先停主轴电动机后停油泵的顺序停车控制电路,并按上述要求进行操作实验。

③ 用 PLC 编程设计两台电动机按上述要求进行顺序启动和顺序停止的控制程序,并在 PLC 上加以调试运行。

5.2.4　实验原理

在生产中,往往需要多台电动机配合工作。根据工艺流程的要求,它们的启动和停车必须按照事先规定的顺序进行。例如某些大型机床,要求主轴一定要在有冷却液的情况下才能工作。因此,必须先启动油泵电动机为主轴提供冷却液,然后才能启动主轴电动机;同理,停车时必须先停主轴电动机,然后才能停油泵电动机。

顺序启动控制电路,如图 5-2-1 所示。图中,接触器 KM1 及其回路控制油泵电动机 M1 的启停,接触器 KM2 及其回路控制主轴电动机 M2 的启停。两个回路的不同点是在 KM2 的控制回路中串入了 KM1 的辅助动合触点 $KM1_5$。所以,在 KM1 动作时,油泵电动机 M1 优先启动,同时,将触点 $KM1_5$ 闭合,才允许 KM2 工作而控制 M2 启动。显然,这种顺序启动是利用 KM1 的辅助触点串入到 KM2 的控制回路之中,通过类似"连锁"方法来实现的。

如果实验室没有 2 台电动机,M1 或 M2 可用三相白炽灯组,接成星形负载代替。

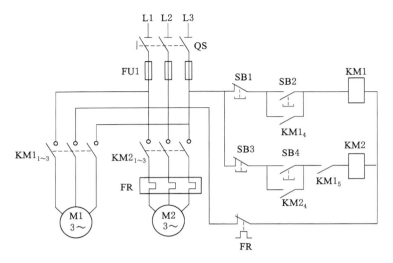

图 5-2-1 顺序启动控制电路

5.2.5 实验内容

（1）顺序启动控制

按图 5-2-1 电路进行接线。其中，三相电源线电压为 220 V，电动机均采用星形连接。电气控制电路的实验，都要事先做好电路节点的编号，以后不再赘述。搭接好电路后，应根据原理电路和实物电路进行仔细对照，确认无误后才允许通电检查。

根据顺序启动要求，按顺序按下"启动"按钮 SB2，观察油泵电动机 M1 启动和交流接触器 M1 的动作情况。等 M1 达到正常运行速度后，再按下 SB4，观察主轴电动机 M2 启动和交流接触器 KM2 的动作情况。

在 M1、M2 正常运行后，可用两种方法停车：一是只按停车按钮 SB1；二是先按停车按钮 SB2，再按停车按钮 SB1，观察两台电动机停车情况。

如果不能按顺序启动或停车，应注意观察电动机和交流接触器的情况，并根据不同现象加以分析和处理。

（2）顺序停车控制

根据上述原理以及顺序启动的实验过程，可对图 5-2-1 电路进行改进设计，不仅具有顺序起启动功能，而且可实现先停 M2 后停 M1 的顺序停车功能。然后进行接线改造，并按要求进行操作实验。按顺序启动两台电动机后，再操作停车按钮，观察电动机的停车顺序。

5.2.6 扩展实验

应用基本的逻辑指令对图 5-2-1 电路进行编程设计，并进行调试运行。

本实验涉及 CPM2A 的 LD、LDNOT、OUT、OR、AND 及 ANDLD 等基本逻辑指令。对应输入元件的外部开关 SB1、SB2、SB3、SB4、FR 都处于断开状态；对应于输出元件的接触器 KM1 和 KM2，可分别接上 LED1 和 LED2 表示。在对 I/O 进行分配之后，可使用计算机对照图 5-2-1 的控制电路进行程序设计、编译和下载到 PLC 中。然后对上述顺序启动和顺序停车控制进行操作,通过 LED 的状态来判断是否符合要求。

5.2.7　注意事项

每次接线、拆线或长时间讨论问题时,必须断开三相电源,以免发生触电事故。连接电路时使用的导线较多,要注意分清对应的控制电动机以及电路的节点编号,以免接错电路。正常操作时,若电动机或接触器出现异常声音,应立即断开电源查找原因。

5.2.8　实验报告

① 根据实验现象,分析电动机顺序启动、顺序停车的控制原理,说明联锁触点的作用,并分析图 5-2-1 控制电路有几种停车方法。

② 设计一个 3 台电动机顺序启动、顺序停车的控制电路(要求先按 M1、M2、M3 顺序启动,后按 M3、M2、M1 顺序停车),画出主电路和控制电路图,并简述其工作原理。

③ 回答下列思考题

a. 在图 5-2-1 电路图中,如果误将接触器 KM1 的辅助动断触点作为连锁触点串入 KM2 的控制回路中,会出现什么问题?

b. 在顺序停车控制电路中,误将接触器 KM2 的辅助动断触点作为连锁触点与停车按钮 SB1 并联,会出现什么问题?

c. 在图 5-2-1 电路中,接触器 KM1 和 KM2 的线圈能否串联在一起接到电路中?为什么?

5.3　三相异步电动机的正反转控制

5.3.1　实验目的

① 通过对三相鼠笼式异步电动机正反转控制线路的安装接线,掌握由电气原理图接成实际操作电路的方法。

② 加深对电气控制系统各种保护、自锁、互锁等环节的理解。

③ 学会分析、排除继电-接触控制线路故障的方法。

5.3.2　预习要求

① 复习三相异步电动机正反转控制线路的工作原理。

② 理解自锁、互锁的概念以及短路保护、过载保护和零压保护的概念。

5.3.3　实验仪器及材料

① 可调三相交流电源:0～450 V。

② 三相异步电动机。

③ 交流接触器。

④ 按钮。

⑤ 热继电器。

⑥ 交流数字电压表:0～500 V。

⑦ 万用表。

5.3.4 实验原理

在三相异步电动机正反转控制线路中,通过相序的更换来改变电动机的旋转方向。本实验给出两种不同的正反转控制线路,分别如图 5-3-1 和 5-3-2 所示,特点如下:

① 电气互锁。为了避免接触器 KM1(正转)、KM2(反转)同时得电吸合造成三相电源短路的情况,在 KM1(KM2)线圈支路中串接有 KM1(KM2)动断触头,它们保证了线路工作时 KM1,KM2 不会同时得电,以达到电气互锁的目的。

② 电气和机械双重互锁。除了电气互锁外,可再采用复合按钮 SB1 和 SB2 组成的机械互锁环节(图 5-3-2),以保证线路工作更加可靠。

③ 线路具有短路、过载、欠压保护等功能。

5.3.5 实验内容

认识各电器的结构、图形符号、接线方法,抄录电动机及各电器的铭牌数据,并用万用表的电阻挡检查各电器线圈、触头是否完好。

鼠笼式异步电动机接成△接法,实验线路电源端接三相自耦调压器,输出端 U、V、W 供电线电压为 380 V。

(1) 接触器连锁的正反转控制线路

按图 5-3-1 所示接线,在教师指导下进行通电操作。

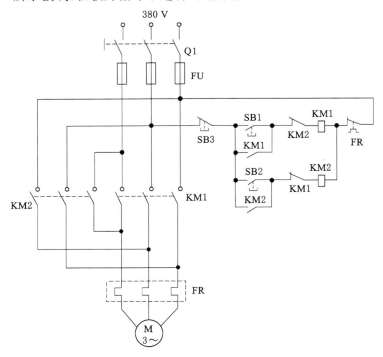

图 5-3-1　接触器连锁的正反转控制线路

① 开启控制屏电源总开关,按启动按钮,调节调压器输出,使输出线电压为 380 V。

② 按正向启动按钮 SB1,观察并记录电动机的转向和接触器的运行情况。

③ 按反向启动按钮 SB2,观察并记录电动机和接触器的运行情况。

④ 按停止按钮 SB3,观察并记录电动机的转向和接触器的运行情况。

⑤ 再按 SB2,观察并记录电动机的转向和接触器的运行情况。

⑥ 实验完毕,按控制屏停止按钮,切断三相交流电源。

（2）接触器和按钮双重连锁的正反转控制线路。

按图 5-3-2 所示接线,通电。

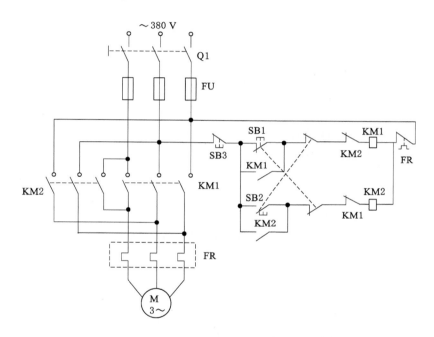

图 5-3-2　接触器和按钮双重连锁的正反转控制线路

① 按控制屏启动按钮,接通 380 V 三相交流电源。

② 按正向启动按钮 SB1,电动机正向启动,观察电动机的转向及接触器的动作情况。按停止按钮 SB3,使电动机停转。

③ 按反向启动按钮 SB2,电动机反向启动,观察电动机的转向及接触器的动作情况。按停止按钮 SB3,使电动机停转。

④ 按正向（或反向）启动按钮,电动机启动后,再去按反向（或正向）启动按钮,观察有何情况发生。

⑤ 电动机停稳后,同时按正、反向两只启动按钮,观察有何情况发生。

⑥ 失压与欠压保护。

a. 按启动按钮 SB1（或 SB2）电动机启动后,按控制屏停止按钮,断开实验线路三相电源,模拟电动机失压或零压状态,观察电动机与接触器的动作情况,随后,再按控制屏上启动按钮,接通三相电源,但不按 SB1（或 SB2）,观察电动机是否能自行启动。

b. 重新启动电动机后,逐渐减小三相自耦调压器的输出电压,直至接触器释放,观察电动机是否自行停转。

⑦ 过载保护。打开热继电器的后盖,电动机启动后,人为地拨动双金属片模拟电动机过载情况,观察电机、电器动作情况。

5.3.6　注意事项及故障分析

① 实验完毕,将自耦调压器调回零位,按控制屏停止按钮,切断实验线路电源。

② 此实验有一定危险性,不得自行接线、接通电源等,要在教师指导下进行。

③ 接通电源后,按启动按钮 SB1 或 SB2,接触器吸合,但电动机不转且发出"嗡嗡"声,或者虽能启动但转速很慢,出现这种现象的原因大多是因为主回路一相断线或电源缺相造成的。

④ 接通电源后,按启动按钮 SB1 或 SB2,接触器通断频繁,且发出连续的噼啪声或吸合不牢,发出颤动声,出现此类现象可能的原因有:

　　a. 线路接错,将接触器线圈与自身的动断触头串在一条回路上了。

　　b. 自锁触头接触不良,时通时断。

　　c. 接触器铁芯上的短路环脱落或断裂。

　　d. 电源电压过低或与接触器线圈电压等级不匹配。

5.3.7　实验报告

① 简述实验线路的工作原理。

② 根据电气原理图画出主电路和控制电路实验接线图。

③ 分析三相异步电动机正反转控制中机械互锁与电气互锁的区别。

5.3.8　思考题

① 在电动机正反转控制线路中,为什么必须保证两个接触器不能同时工作? 采用哪些措施可解决此问题,这些方法有什么利弊,最佳方案是什么?

② 在控制线路中,短路、过载、欠压保护等功能是如何实现的? 在实际运行过程中,这几种保护有什么意义?

5.4　三相异步电动机的时间控制与行程控制

5.4.1　实验目的

① 了解空气式时间继电器的结构与工作原理。

② 掌握空气式时间继电器在电动机控制电路中的作用及应用方法。

③ 掌握行程开关的控制原理与应用。

5.4.2　预习要求

① 复习时间继电器的结构与工作原理,读懂图 5-4-1 所示电路。

② 复习行程开关的结构与工作原理,读懂图 5-4-2 所示电路。

③ 设计能够使工作台自动往复运动的控制电路。

④ 设计一控制线路,使工作台运动到终点后停留 2 min 自动后退,运动到原始位置停止。

5.4.3　实验仪器

① 三相异步电动机 1 台。

② 自动空气开关 1 只。

③ 熔断器 3 只。

④ 交流接触器 3 只。

⑤ 时间继电器 1 只。

⑥ 行程开关 2 只。

⑦ 按钮 3 只。

⑧ 热继电器 1 只。

5.4.4　实验原理

用通电延时的时间继电器构成的时间控制电路如图 5-4-1 所示。工作过程如下:

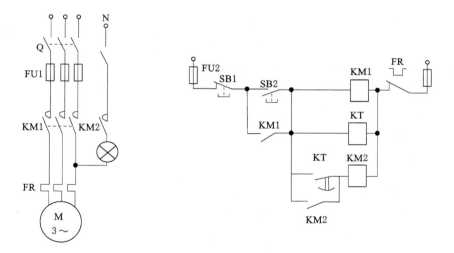

图 5-4-1　时间控制电路

用行程开关构成的工作台往返运动的控制电路如图 5-4-2 所示。工作台的向左、向右运动可以通过控制电动机的正反转来达到。而当工作台向左或向右运动到设定位置或极限位置时,应使工作台不再继续朝该方向运动,则需利用行程开关来控制。

在控制回路中设置至少两个行程开关 ST$_a$ 和 ST$_b$,把它安装在工作台需限位的位置上。当工作台运动到限位位置时,行程开关动作,自动切断正转或反转的接触器,使电动机停转,工作台随之停止运动。工作过程如下:

左移:按 ST$_F$ ──→ KM$_F$ 线圈得电吸合并自锁 ──→ 电动机 M 启动正转 ──→ 工作台向左运动 ──→ 挡铁碰撞 ST$_b$ 使其动断触点分断 ──→ KM$_F$ 失电 ──→ KM$_F$ 断电 ──→ 工作台停止移动。

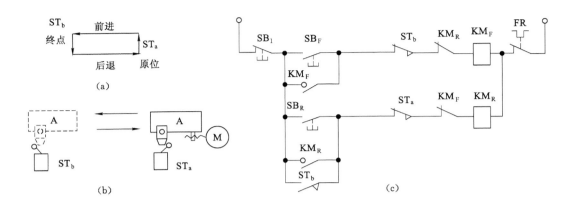

图 5-4-2　工作台往返运动的控制电路

右移：按 SB_R ——→KM_R 线圈得电吸合并自锁——→电动机 M 反转——→工作台向右运动——→ST_b 复原——→挡铁碰撞 ST_a 使其动断触点分断——→KM_R 失电——→电机 M 断电工作台停止移动。

5.4.5　实验内容

① 按图 5-4-1 所示电路接线，确定电路无误后，闭合电源开关，检查运行结果。

② 按图 5-4-2 所示电路接线，确定电路无误后，闭合电源开关，电机启动后，用手按下行程开关，模拟工作台碰撞行程开关的现象，检查运行结果。

③ 设计能够使工作台自动往复运动的控制电路。

④ 设计控制线路，使工作台运动到终点后停留 2 min 自动后退，运动至停止。

⑤ 验证自行设计电路。

5.4.6　注意事项

① 主电路用交流接触器的主触点，控制电路用交流接触器的辅助触点。

② 完成电路连接，检查无误后，方可接通电源。

③ 在连接、检查、拆线的过程中一定要切断电源。

5.4.7　实验报告

① 说说实验中发生过什么故障？说明排除故障的方法。

② 写出本次实验的心得体会。

5.5　三相异步电动机的 Y/△降压启动控制

5.5.1　实验目的

① 进一步提高按图接线的能力。

② 了解时间继电器的结构、使用方法、延时时间的调整及在控制系统中的应用。

③. 熟悉异步电动机 Y/△降压启动控制的运行情况和操作方法。

5.5.2　预习要求

① 采用 Y/△降压启动对鼠笼电动机有什么要求？
② 降压启动的自动控制线路与手动控制线路相比,有什么优点？

5.5.3　实验仪器

① 三相交流电源:0~450 V。
② 三相鼠笼式异步电动机。
③ 交流接触器。
④ 时间继电器。
⑤ 按钮。
⑥ 热继电器。
⑦ 万用表。
⑧ 切换开关:三刀双掷。

5.5.4　实验原理

　　按时间原则控制电路的特点使各个动作之间有一定的时间间隔,使用的元件主要是时间继电器。时间继电器是一种延时动作的继电器,它从接收信号到执行动作具有一定的时间间隔。这个时间间隔可按需要预先整定,以协调和控制生产机械的各种动作。时间继电器的种类通常有电磁式、电动式、空气式和电子式等。其基本功能可分为两类,即通电延时式和断电延时式,有的还带有瞬时动作式的触头。时间继电器的延时时间通常可在 0.4~80 s 范围内调节。

　　按时间原则控制三相鼠笼式电动机 Y/△降压自动换接启动的控制线路如图 5-5-1 所示。

　　从主回路看,当接触器 KM1、KM2 主触头闭合,KM3 主触头断开时,电动机三相定子绕组作 Y 形连接;而当接触器 KM1 和 KM3 主触头闭合,KM2 主触头断开时,电动机三相定子绕组作△连接。因此,所设计的控制线路若能先使 KM1 和 KM2 得电闭合,后经过一定时间的延时,使 KM2 失电断开,而后使 KM3 得电闭合,则电动机就能实现降压启动后自动转换到正常工作运转。图 5-5-1 所示的控制线路能满足上述要求。该线路具有以下特点:

　　① 接触器 KM3 与 KM2 通过动断触头 KM3(5~7) 与 KM2(5~11)实现电气互锁,保证 KM3 与 KM2 不会同时得电,以防止三相电源短路发生事故。

　　② 依靠时间继电器 KT 延时动合触头(11~13)的延时闭合作用,保证在按下 SB1 后,使 KM2 先得电,并依靠 KT(7~9)先断,KT(11~13)后合的动作次序,保证 KM2 先断,而后再自动接通 KM3,也避免了换接时电源可能发生的短路事故。

　　③ 本线路正常运行时(△接法时),接触器 KM2 及时间继电器 KT 均处于断电状态。

　　④ 由于实验装置提供的三相鼠笼式异步电动机每相绕组额定电压为 220 V,而 Y—△换接启动的使用条件是正常运行时电动机必须作△接法,因此,实验时,应将自耦调压器输出端(U,V,W)电压调至 220 V。

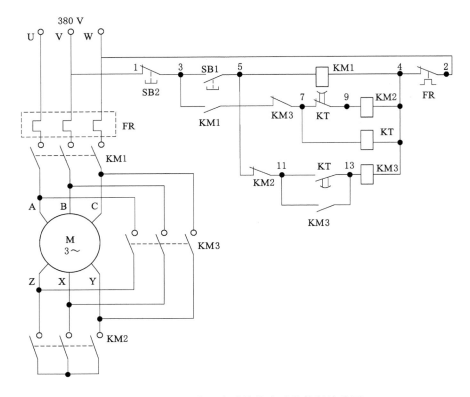

图 5-5-1　Y/△降压自动换接启动的控制线路图

5.5.5　实验内容

（1）时间继电器控制 Y/△自动降压启动线路

观察空气阻尼式时间继电器的结构，认清其电磁线圈和延时动合、动断触头的接线端子。用手推动时间继电器衔铁模拟继电器通电吸合动作，用万用电表电阻挡测量触头的通与断，以此来大致判定触头延时动作的时间。通过调节进气孔螺钉，即可整定所需的延时时间。

实验线路电源端接自耦调压器输出端(U,V,W)，供电线电压为 380 V。

① 按图 5-5-1 所示线路进行接线，先接主回路，后接控制回路。要求按图示的节点编号从左到右、从上到下，逐行连接。

② 在不通电的情况下，用万用表电阻挡检查线路连接是否正确，特别注意 KM2 与 KM3 两个互锁触头 KM3(5～7)和 KM2(5～11)是否正确接入。

③ 开启控制屏电源总开关，按控制屏启动按钮，接通 380V 三相交流电源。

④ 按启动按钮 SB1，观察电动机的整个启动过程及各继电器的动作情况，记录 Y/△换接所需时间。

⑤ 按停止按钮 SB2，观察电动机及各继电器的动作情况。

⑥ 调整时间继电器的整定时间，观察接触器 KM2、KM3 的动作时间是否相应的改变。

⑦ 实验完毕,按控制屏停止按钮,切断实验线路电源。

（2）接触器控制 Y/△降压启动线路

按图 5-5-2 所示线路接线,接通电源。

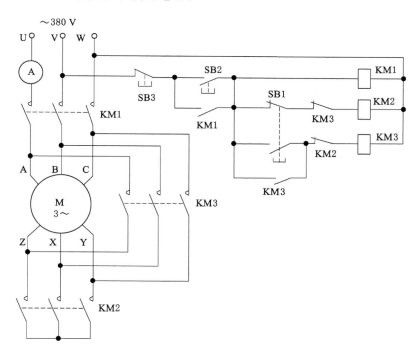

图 5-5-2　接触器控制 Y/△降压启动线路

① 按控制屏启动按钮,接通 380 V 三相交流电源。

② 按下按钮 SB2,电动机作 Y 接法启动,注意观察启动时,电流表最大读数:$I_{Y启动}=$ _____ A。

③ 稍后,待电动机转速接近正常转速时,按下按钮 SB2,使电动机为△接法正常运行。

④ 按下停止按钮 SB3,电动机断电停止运行。

⑤ 先按按钮 SB2,再按按钮 SB1,观察电动机在△接法直接启动时的电流表最大读数：$I_{△启动}=$ _____ A。

⑥ 实验完毕,将三相自耦调压器调回零位,按控制屏停止按钮,切断实验线路电源。

（3）手动控制 Y/△降压启动控制线路

按图 5-5-3 所示线路接线。

① 开关 Q2 合向上方,使电动机为△接法。

② 按控制屏上启动按钮,接通 380 V 三相交流电源,观察电动机在△接法直接启动时,电流表最大读数 $I_{△启动}=$ _____ A。

③ 按控制屏停止按钮,切断三相交流电源,待电动机停稳后,开关 Q2 合向下方,使电动机为 Y 形接法。

④ 按控制屏启动按钮,接通 380V 三相交流电源,观察电动机在作 Y 形接法直接启动时,电流表最大读数 $I_{Y启动}=$ _____ A。

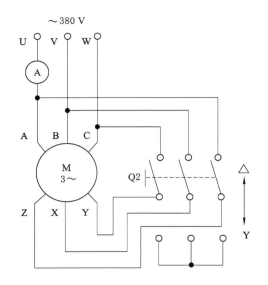

图 5-5-3　手动控制 Y/△降压启动控制接线图

⑤ 按控制屏停止按钮,切断三相交流电源,待电动机停稳后,操作开关 Q2 使电动机作 Y/△降压启动。

a. 先将 Q2 合向下方,使电动机作 Y 形接法,按控制屏启动按钮,记录电流表最大读数 $I_{Y启动}$ ＝ _____ A。

b. 待电动机接近正常运转时,将 Q2 合向上方△运行位置,使电动机正常运行。

实验完毕,将自耦调压器调回零位,按控制屏停止按钮,切断实验线路电源。

5.5.6　实验注意事项

① 注意安全,严禁带电操作。

② 只有在断电的情况下,方可用万用表电阻挡来检查线路的接线正确与否。

5.5.7　实验报告

① 简述 Y/△降压启动实验线路的工作原理。

② 根据电气原理图画出主电路和控制电路实验接线图。

③ 分析 Y/△降压启动时,启动线电流与电动机正常工作时线电流的大小关系。

5.5.8　思考题

① 如果要用一只断电延时式时间继电器来设计异步电动机的 Y/△降压启动控制线路,试问三个接触器的动作次序应作如何改动,控制回路又应如何设计?

② 控制回路中的一对互锁触头有什么作用? 如果取消这对触头对 Y/△降压换接启动有什么影响? 可能会出现什么后果?

5.6 三相异步电动机的制动控制

5.6.1 实验目的

① 了解三相异步电动机常用的制动方法及其优缺点。

② 掌握三相异步电动机反接制动、能耗制动的接线及操作方法。

③ 学会各种电动机制动方式的实验操作、常见问题的分析处理及估算制动时间。

5.6.2 实验任务

① 分别根据图 5-6-1,图 5-6-2 和图 5-6-3 设计实验过程,并进行接线、检查等操作。

② 通过观察电动机不同制动方式的实验,估算它们的制动时间。

5.6.3 预习要求

① 复习三相异步电动机启动、停车,正、反转控制电路的工作原理,了解电动机制动的原理和方法。

② 分析图 5-6-1,图 5-6-2 和图 5-6-3 电路的工作原理,说明各种制动方法的特点。

5.6.4 实验原理

三相异步电动机从切除电源到停止旋转,由于惯性的作用,总要经过一段时间不能停车,这种方式称为自由制动,它往往不能适应生产机械加工工艺的要求。为了使电动机迅速停车或准确停在某个位置,或缩短辅助工时及保障安全,都需要采取制动措施。电气制动常见有反接制动和能耗制动两种。

反接制动是利用改变电动机电源的相序,使定子绕组产生相反方向的旋转磁场,因而产生抵消原来转矩的一种制动方法。它的特点是制动迅速、效果好、但是冲击大,通常仅用于 10 kW 以下的小容量电动机。为了减小冲击电流,通常在定子电路中串接一定的电阻以限制反接制动电流。这个电阻称为反接制动电阻。使用反接制动应注意,当电动机转速接近零时,必须立即断开电源,否则电动机会反向转动。

能耗制动就是在切断电动机的三相交流电源后,给定子绕组加上一个直流电压,产生一个静止的磁场,利用转子感应电流与静止磁场的作用产生一个与原来转动方向相反的制动转矩,使电动机迅速停车。这种方法停车准确,通常用于电动机容量较大、启动和制动频繁的场合,但制动过程要消耗电能,转子容易发热,通常要在转子电路中串入电阻来吸收电能。

5.6.5 实验内容

5.6.5.1 自由制动

电动机无制动措施的自由停车,按图 5-6-1 接线。按下启动按钮 SB2 启动电动机,当转速稳定后按下停车按钮 SB1,接触器线圈 KM 失电,断开主触头切断电源,电动机在惯性下逐渐减速直至停转。操作时一边按下 SB1,一边用秒表开始计时,读出电动机停转时的时间。重复两次,将制动时间记录到表 5-6-1 中。

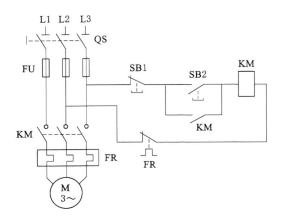

图 5-6-1 三相异步电动机的自由制动电路

表 5-6-1 　　　　　　　　　**电动机各种制动时间的实验数据**

制动方式 ＼ 制动次数	自然停车	反接制动	能耗制动
第一次制动时间/s			
第二次制动时间/s			
计算平均制动时间/s			

5.6.5.2　反接制动

　　按图 5-6-2 所示接线。按下正转启动按钮 SB_F，使电动机正转并达到稳定速度。制动时按下反转启动按钮 SB_R，使电动机反转，观察电动机转动部分，当速度为零的瞬间立即按下停车按钮 SB，切断三相电源，用秒表读出从按下反转启动按钮 SB_R 到电动机停转的时间。重复两次实验，将制动时间记录到表 5-6-1 中。

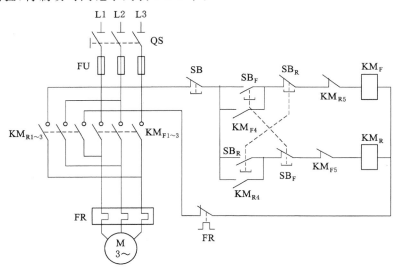

图 5-6-2 三相异步电动机的反接制动电路

5.6.5.3　能耗制动

按图 5-6-3 接线。图中二极管 VD 对单相交流电源进行整流,提供能耗制动所需要的直流电源,电阻 R 用来限制流入绕组的电流,一般控制在等于、小于绕组的额定电流。因此,时间继电器的时间常数一般整定在 3 s 左右,R 选择阻值约为 300 Ω、功率约为 150 W。

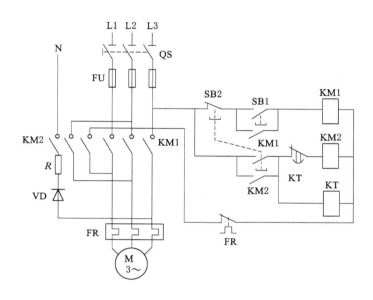

图 5-6-3　三相异步电动机的能耗制动电路

按下启动按钮 SB1,电动机启动,让转速达到稳定。按下停车按钮 SB2 使 KM1 失电,同时接通 KM2 和 KT 电源,开始制动并计时。经过一段时间,KT 的延时动断触点断开,制动结束。重复两次实验,将制动时间记录到表 5-6-1 中。

5.6.6　注意事项

① 在反接制动实验中,要注意正确选择速度继电器的触点与电动机的转向一致。

② 在能耗制动实验中,要注意直流电压不要太高,以免损坏电流表和电动机。转动时间不要调得过长,一般先调在 3 s 左右,然后再根据电动机的转动情况适当延长或缩短转动时间。

5.6.7　实验报告

① 根据实验现象和表 5-6-1 的实验数据,进一步分析电动机不同制动方法的优缺点及适用场合。

② 总结用继电-接触器设计电气常见控制电路的一般方法。

③ 写出本次实验的心得体会。

5.6.8　思考题

① 反接制动电动机速度到零时,如果没有及时断电会出现什么问题?

② 能耗制动电动机速度到零时,如果没有及时断电,会不会反转? 为什么? 制动时间的长短和哪些因素有关?

5.7 变压器的应用

5.7.1 实验目的

① 学习测量变压器的变化及外特性的方法。
② 学习用实验的方法测定变压器绕组的同极性端。
③ 掌握自耦变压器的使用。

5.7.2 预习要求

① 复习变压器空载及有载时的工作特性。
② 了解同极性端定义及测定方法。
③ 自耦变压器和普通变压器有什么不同。

5.7.3 实验仪器与器件

① 自耦变压器 1 台。
② 单相变压器 1 台。
③ 交流电压表 1 台。
④ 交流电流表 1 台。
⑤ 白炽灯若干。
⑥ 开关若干。

5.7.4 实验原理

(1) 变压器的空载特性

变压器的变化是在空载时测得的,变压比 $K = U_1/U_{20}$,其中 U_{20} 为副边空载时的电压。变压器空载时,原边电压 U_1 与空载电流 I_0 的关系称为空载特性,其变化曲线和铁芯的磁化曲线相似,如图 5-7-1 所示。空载特性可以反映变压器磁路的工作状态。磁路的最佳工作状态是空载电压等于额定电压时,工作点在空载特性曲线接近饱和而又没有达到饱和的拐点处。如果工作点偏低,空载电流很小,磁路远离饱和状态,可以适当减少铁芯的截面积或者适当减少线圈匝数;如果工作点偏高,空载电流太大,则磁路已达到饱和状态,应适当增大铁芯的截面积或者增加线圈匝数。

(2) 变压器的外特性 U_N

变压器的原副绕组都具有内阻抗,即使原边电压 U_1 数值不变,副边电压 U_2 也将随着负载电流 I_2 的变化而变化。当 U_1 一定,负载功率因数 $\cos \varphi_2$ 不变时,U_2 与 I_2 的关系就是变压器的外特性,其变化曲线如图 5-7-2 所示。对于电阻性和电感性的负载,U_2 随着 I_2 的增加而减小。

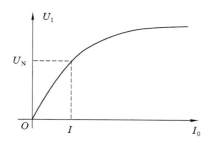

图 5-7-1　变压器的空载特性

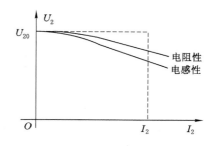

图 5-7-2　变压器的外特性

（3）变压器绕组的同极性端

使用变压器时,有时要注意绕组的正确连接。而正确连接的前提是必须判断出绕组的同极性端。通常在绕组上标以记号"＊"表示同极性端。同极性端的判断通常用直流法和交流法。

图 5-7-3 所示是直流法测定同极性端的电路。在 S 闭合瞬间,若电流(毫安)表正向偏转,则 1,3 端为同极性端。若电流表反偏,则 1,4 端为同极性端。

图 5-7-4 所示是交流法测定同极性端的电路。将两个绕组的任意两端(如 2 端、4 端)连在一起,在其中的一个绕组两端加一个交流电压,用交流电压表分别测出端电压 U_{13},U_{12} 和 U_{34}。若 U_{13} 是两个绕组端电压之差,则 1,3 是同极性端;若 U_{13} 是两个绕组端电压之和,则 1,4 是同极性端。

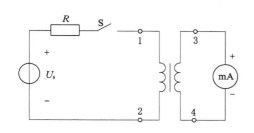

图 5-7-3　直流法测定同极性端

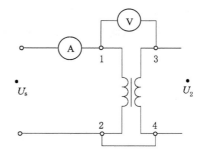

图 5-7-4　交流法测定同极性端

5.7.5　实验内容

（1）自耦变压器使用练习

将自耦变压器的原边按额定电压,副边接电压表,观察自耦变压器的输出电压随着手柄转动时的变化情况。使用完毕后,将调压器手柄调回零位。

（2）变压器变比的测定

变压器原边接入额定电压,副边不接负载,测量原边电压 U_1 和副边空载电压 U_{20},计算变比:$K = \dfrac{U_1}{U_{20}}$。

（3）变压器外特性测试

保持 U_1 为额定电压不变,副边逐个接上白炽灯,如图 5-7-5 所示,每次均测量 I_1, I_2, U_2。将测量结果填入表 5-7-1 中。

表 5-7-1   变压器外特性测试数据记录

项 目	I_1	I_2	U_2
1 个白炽灯			
2 个白炽灯			
3 个白炽灯			

（4）同极性端的测定

按图 5-7-4 所示接好线路,用交流法判断同极性端。

5.7.6 注意事项

① 在整个实验过程中,将一个电流表串联在原绕组中,注意流过原绕组的电流不能超过绕组的稳定电流。

② 切勿将自耦变压器的原、副边接反,使用完毕后一定要将手柄调回到输出电压为 0 状态。

5.7.7 实验报告

① 计算变压器的变比 K 和空载电流对额定电流的比 I_a/I_v。

② 根据表 5-7-1 测量的数据,做出 $U_2 = f(I_2)$ 曲线,并计算电压调整率。

③ 判定两绕组同极性端的结果如何?

第6章　电子技术基础实验

本章包括了模拟电子技术和数字电子技术两部分基础性实验内容。学生通过动手操作,可以掌握电子电路基本原理及基本的实验方法,从而培养从实验数据中总结规律、发现问题的能力。实验是学习和研究电子技术学科的重要手段,既是对理论的验证,也是对理论的应用,还是对理论的进一步研究与探索。因此,建议学生要认真完成本章的基本实验内容,以便更好地掌握对电子技术知识的应用能力。

本章实验教学课时建议为 18～20 学时。可根据实际教学情况进行调整。

6.1　半导体元件的测试

6.1.1　实验目的

① 学会用万用表判别半导体二、三极管的管型、极性及好坏。
② 用晶体管测试仪测二、三极管的交直流参数。

6.1.2　实验仪器和设备

① MF-10 万用表。
② 晶体管测试仪。
③ 二极管、三极管。

6.1.3　实验预习要求

复习二极管、三极管特性及有关参数。

6.1.4　实验原理

6.1.4.1　半导体二、三极管测试原理

（1）用万用表测试晶体二极管

① 鉴别正负极性。万用表及其欧姆挡的内部等效电路如图 6-1-1 所示。图中 E 为表内电源,r 为等效内阻,I 为被测回路中的实际电流。由图可见,黑表笔接表内电源的正端,红表笔接表内电源负端。将万用表欧姆挡的量程拨到 $R \times 100$ 或 $R \times 1 \mathrm{k}$ 挡,并将两表笔分别接到二极管的两端,如图 6-1-2 所示,即红表笔接二极管负极,黑表笔接二极管的正极,则二极管处于正向偏置,因而呈现出低电阻,此时万用表指示的电阻通常小于几千欧。反之,若将红表笔接二极管的正极,黑表笔接二极管的负极,则二极管处于反向偏置,此时万用表指示的电阻将达几百千欧。

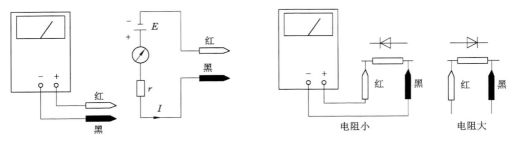

图 6-1-1　万用表内部等效电路图　　　　图 6-1-2　万用表测试二极管

② 测试性能。将万用表的黑表笔接二极管正极,红表笔接二极管负极,可测得二极管的正向内阻,此电阻一般在几千欧以下为好。通常要求二极管的正向电阻越小越好。将红表笔接二极管的正极,黑表笔接二极管的负极,可测出反向电阻。一般要求二极管的反向电阻应大于 200 kΩ。

若反向电阻太小,则二极管失去单向导电作用。如果正、负电阻都为无穷大,表明管子已断路;反之,二者都为零,表明管子短路。

(2) 用万用表测试小功率半导体三极管

① 判定基极和管子类型。由于基极与发射极、基极与集电极之间分别是两个 PN 结,而 PN 结的反向电阻值很大、正向电阻值很小,因此可用万用表的 $R \times 100$ 或 $R \times 1$ k 挡进行测试。现将黑表笔接晶体管的某一极,若两次测得的电阻都很小,则黑表笔端接的为 NPN 型管子基极,如图 6-1-3 所示;若测得的电阻都很大,则黑表笔端接的为 PNP 型管子基极,应换另一个电极重新测量,以便确定管子的基极。

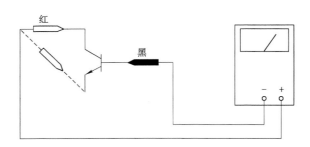

图 6-1-3　万用表测试晶体三极管类型

② 判断集电极和发射极。判断集电极和发射极的基本原理是把三极管接成基本单管放大电路,利用测量管子的电流放大系数 β 值的大小判定集电极和发射极。以 NPN 型为例,如图 6-1-4 所示基极确定之后,用万用表两表笔分别接另外两个电极,用 100 kΩ 的电阻一端接基极,一端接黑表笔,若电表指针偏转较大,则黑表笔所接的一端为集电极,红表笔接的是发射极。也可用手捏住基极与黑表笔(不能使两者相碰),以人体电阻代替 100 kΩ 电阻的作用。

③ 检查穿透电流 I_{CEO} 的大小。用万用表检查穿透电流 I_{CEO} 的连接方法如图 6-1-5 所示,将基极开路,测量 C、E 间的电阻。如电阻值较大(几十千欧姆以上),则说明穿透电流较小,管子能正常工作。

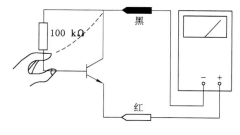

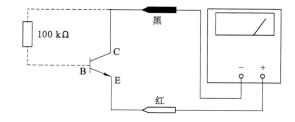

图 6-1-4　万用表判断晶体三极管的管脚　　　　图 6-1-5　检查 I_{CEO} 和 β 的电路

④ 检查电流放大系数 β。电路如图 6-1-5 所示,在 BC 之间接入或不接入 100 kΩ 电阻,测 CE 间相应的电阻值。若接入 100 kΩ 前后两次测得的电阻值相差越大,则说明 β 大。这种方法一般适用于检查小功率管的 β。

6.1.4.2　晶体管测试仪

（1）功能

外接示波器,即可透视 PNP 型和 NPN 型中小功率晶体管共发射极的输入特性和输出特性,可观测负载线和测定放大倍数等参数。

（2）仪器面板如图 6-1-6 所示

① 基极阶梯电流（mA）选择开关共分 0、0.01、0.02、0.05、0.1、0.2 和 0.5 七挡,用以改变被测晶体管的输入电流大小。

② 集电极扫描电压（V）调节电位器峰值电压,连续可调范围为 0～20 V。

③ 晶体管类型选择直键开关用以改变阶梯电压和集电极电压的极性,按入直键开关则测 NPN 型、释放直键开关则测 PNP 型晶体管的特性。

④ 功耗限制电阻（kΩ）选择开关分 0、0.1、0.2、0.5、1、2 和 5 七挡。功耗电阻串联在被测晶体管的集电极电路上,其作用是限制被测管的集电极功耗和观测负载线。

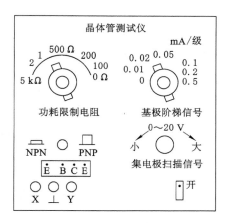

图 6-1-6　晶体管测试仪面板图

⑤ 面板的接线柱"X"为被测管的 U_{CE} 输出端;接线柱"Y"为集电极电流取样电压输出端;位于中间的黑色接线柱为公共地线。

（3）使用方法

① 输出端"X"接示波器的 X 轴,输出端"Y"接示波器的 Y 轴;示波器的 X 轴扫描时间选择开关拨至"X"外接;触发源选择开关置于"外";触发信号耦合方式开关置于"DC";灵敏度预置于"0.2 div"挡,以后视实际情况再进行调整。

② 开启晶体管测试仪电源开关之前,先按被测管的类型选择相应的阶梯电压和确定晶体管类型直键开关的位置,将集电极扫描信号调到零位,基极阶梯信号拨至零位,功耗限制电阻预置在 1 kΩ 处,然后插入被测管(注意分清 E、B、C 三个管脚不可接错)。

③ 晶体管输出特性曲线的观测。开启示波器和晶体管测试仪的电源开关,指示灯亮,

基极阶梯信号调至 0.02 mA(电流的大小应根据被测管的使用条件而定),逐步增大集电极扫描信号,即可显示出八条特性曲线,然后适当选取示波器"Y"的灵敏度及功耗电阻,以达到观测的要求。

④ 晶体管电流放大系数 β 的测定。β 由下式确定:

$$\beta = \Delta I_C / \Delta I_B = (S_Y \cdot h) / (I_B \cdot R_C)$$

式中 S_Y——示波器 Y 轴的灵敏度,mV/div;

h——相邻两条曲线之间的垂直距离,cm;

I_B——基极阶梯电流,mA/div;

R_C——集电极电流取样电阻,Ω,本电路取 10 Ω。

6.1.5　实验内容

(1) 用万用表辨别二极管的正极、负极及其好坏;辨别三极管集电极、基极、发射机,管子的类型(NPN 或 PNP)及其好坏。

(2) 三极管特性的测试

① 共发射极输出特性曲线:共发射极输出特性曲线的坐标是:X 轴表示 U_{CE}、Y 轴表示 I_C。

按"使用方法"适当修正各旋钮位置,使特性曲线族不超出荧光屏的范围,也不小于屏幕的一半,描下特性曲线簇。

② 测定电流放大系数 β 值。

6.1.6　实验报告

① 认真阅读并熟记晶体管测试仪的使用方法。

② 复习二、三极管特性及有关参数。

6.1.7　注意事项

万用表使用完毕,应将左开关置于交流 500 V 挡,右开关置于交流电压或交流电流挡。

6.1.8　思考题

用万用表测试小功率三极管时,能否用 $R \times 1$ 挡与 $R \times 10$ k 挡进行测量? 为什么?

6.2　单级放大器的调试与测量

6.2.1　实验目的

① 学会放大器静态工作点的调试方法,分析静态工作点对放大器性能的影响。

② 掌握放大器电压放大倍数、输入电阻、输出电阻及最大不失真输出电压的测试方法。

③ 熟悉电子仪器及模拟电路实验设备的使用。

6.2.2　实验仪器和设备

① 直流电源。

② 函数信号发生器。

③ 双踪示波器。

④ 交流毫伏表。

⑤ 直流电压表。

⑥ 直流毫伏表。

⑦ 频率计。

⑧ 万用电表。

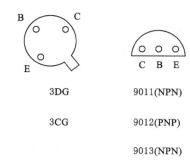

⑨ 晶体三极管 3DG6×1($\beta = 50 \sim 100$)或 9011×
1,管脚排列如图 6-2-1 所示。

⑩ 电阻器、电容器若干。

图 6-2-1　晶体三极管管脚排列

6.2.3　实验预习要求

(1) 掌握静态工作点调整方法、静态和动态测量方法。

(2) 根据实验电路给出的电路参数,估算静态工作点及电压放大倍数。

6.2.4　实验原理

图 6-2-2 所示为电阻分压式工作点稳定单管放大器实验电路图。它的偏置电路采用 R_{B1} 和 R_{B2} 组成分压电路,并在发射极中接有电阻 R_E,以稳定放大器的静态工作点。当在放大器的输入端加入输入信号 u_i 后,在放大器的输出端便可得到一个与 u_i 相反的输出信号 u_o,从而实现电压放大。

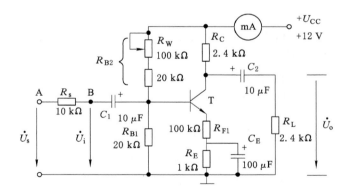

图 6-2-2　电阻分压式单管放大器实验电路

在图 6-2-2 中,当流过偏置电阻 R_{B1} 和 R_{B2} 的电流远大于晶体管 T 的基极电流 I_B(一般 5～10 倍)时,则它的静态工作点可以用下式估算。

$$U_B \approx \frac{R_{B1}}{R_{B1} + R_{B2}} U_{CC} \qquad (6\text{-}2\text{-}1)$$

$$U_E \approx U_{CC} - I_C(R_C + R_E)$$

电压放大倍数:

$$A_V = -\beta \frac{R_C /\!/ R_L}{r_{BE} + (1+\beta)R_{F1}} \qquad (6\text{-}2\text{-}2)$$

输入电阻：

$$R_i = R_{B1} // R_{B2} // [r_{BE} + (1+\beta)R_{F1}] \tag{6-2-3}$$

输出电阻：

$$R_o \approx R_C$$

由于电子器件性能的分散性能比较大，因此在设计和制作晶体管放大电路时离不开测量和调试技术。在设计前应测量所用元器件的参数，为电路设计提供必要的依据。在完成设计和装配以后，还必须测量和调试放大器的静态工作点和各项性能指标。一个优质放大器必定是理论设计与实验调试相结合的产物。因此，除要学习放大器的理论知识和设计方法外，还必须掌握必要的测量和调试技术。

放大器的测量和调试一般包括：放大器静态工作点的测量和调试，消除干扰与自激振荡及放大器各项动态参数的测量和调试等。

6.2.4.1 放大器静态工作点的测量和调试

（1）静态工作点的测量

测量放大器的静态工作点，应在输入信号 $U_i = 0$ 的情况下进行，即将放大器输入端与地端短接，然后选用量程合适的直流毫安表和直流电压表，分别测量晶体管的集电极电流 I_C 以及各电极对地的电位 U_B、U_C 和 U_E。一般实验中，为避免断开集电极，采用测量电压 U_E 或 U_C 然后算出 I_C 的方法。例如，只要测出 U_E，即可用：

$$I_C \approx I_E = \frac{U_E}{R_E} \tag{6-2-4}$$

算出 I_C（也可根据 $I_C = \dfrac{U_{CC} - U_C}{R_C}$，由 U_C 确定 I_C）。

同时也能算出 $U_{BE} = U_B - U_E$，$U_{CE} = U_C - U_E$。

为减小误差、提高测量精度，应选用内阻较高的直流电压表。

（2）静态工作点的调试

放大器静态工作点的测试是指对管子集电极电流 I_C 或 U_{CE} 的调整和测试。

静态工作点是否合适对放大器的性能和输出波形都有很大的影响。如工作点偏高，则放大器在加入交流信号后易产生饱和失真，此时 U_o 的负半周将被削底，如图 6-2-3(a) 所示；如工作点偏低则易产生截止失真，即 U_o 的正半周被缩顶（一般截止失真不如饱和失真明显），如图 6-2-3(b) 所示。这些情况都不符合不失真放大的要求，所以在选定工作点以后还必须进行动态调试，即在放大器的输入端加入一定的输入电压 U_i，检查输出电压 U_o 的大小

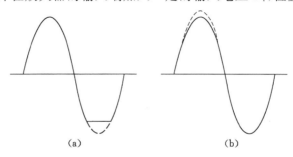

图 6-2-3　静态工作点对 U_o 波形失真的影响

(a) 饱和失真；(b) 截止失真

和波形是否满足要求。如不满足,则应调节静态工作点的位置。

改变电路参数 U_{CC}、R_C、R_B(R_{B1},R_{B2})都会引起静态工作点的变化,如图 6-2-4 所示。但通常采用调节偏置电阻 R_{B2} 的方法(如减小 R_{B2})来改变静态工作点,使静态工作点提高等。

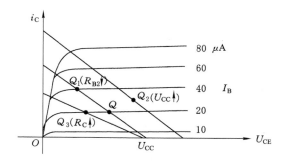

图 6-2-4　电路参数对静态工作点的影响

最后还要说明的是,上面所说的工作点"偏高"或"偏低"不是绝对的,而是相对信号的幅度而言的,如输入信号幅度很小,即使工作点较高或较低也不一定会出现失真。

所以确切地说,产生波形失真是信号幅度与静态工作点设置配合不当所致。如需满足较大信号幅度的要求,静态工作点最好尽量靠近交流负载线的中点。

6.2.4.2　放大器动态指标测试

放大器动态指标包括电压放大倍数、输入电阻、输出电阻、最大不失真输出电压(动态范围)和通频带等。

(1) 电压放大倍数 A_V 的测量

调整放大器到合适的静态工作点,然后加入输入电压 u_i,在输出电压 u_o 不失真的情况下,用交流毫伏表测出 u_i 和 u_o 的有效值 U_i 和 U_o,则:

$$A_V = \frac{U_o}{U_i} \tag{6-2-5}$$

(2) 输入电阻 R_i 的测量

为测量放大器的输入电阻,按图 6-2-5 所示的电路在被测放大器的输入端与信号源之间串入一已知电阻 R,在放大器正常工作的情况下,用交流毫伏表测出 U_s 和 U_i,则根据输入电阻的定义可得:

$$R_i = \frac{U_i}{I_i} = \frac{U_i}{\dfrac{U_R}{R}} = \frac{U_i}{U_s - U_i} R \tag{6-2-6}$$

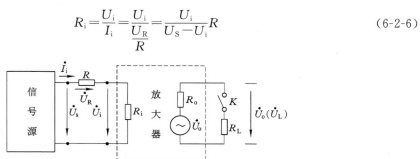

图 6-2-5　输入、输出电阻测量电路

测量时应注意下列几点：

① 由于电阻 R 两端没有电路公共接地点，所以测量 R 两端电压 U_R 时必须分别测出 U_S 和 U_i，然后按 $U_R = U_S - U_i$ 求出 U_R 值。

② 电阻 R 的值不宜取得过大或太小，以免产生较大的测量误差，通常取 R 与 R_i 为同一数量级为好。

（3）输出电阻 R_o 的测量

按图 6-2-5 所示的电路，在放大器正常工作的条件下，测出输出端不接负载 R_L 的输出电压 U_o 和接入负载后的输出电压 U_L，根据：

$$U_L = \frac{R_L}{R_o + R_L} U_o \qquad (6\text{-}2\text{-}7)$$

即可求出：

$$R_o = \left(\frac{U_o}{U_L} - 1 \right) R_L$$

在测试中应注意，必须保持 R_L 接入前后输入信号的大小不变。

（4）最大不失真输出电压 U_{opp} 的测量（最大动态范围）

如上所述，为得到最大动态范围，应将静态工作点调在交流负载线的中点。为此在放大器正常工作情况下逐步增大输入信号的幅度，并同时调节 R_W（改变静态工作点），用示波器观察 U_o，当输出波形同时出现削底和缩顶现象（如图 6-2-6 所示），说明静态工作点已调在交流负载线的中点。然后反复调整输入信号，使波形输出幅度最大且无明显失真时，用交流毫伏表测出 U_o（有效值），则动态范围等于 $2\sqrt{2}U_o$ 或用示波器直接读出 U_{opp}。

（5）放大器的幅频特性

放大器的幅频特性是指放大器的电压放大倍数 A_V 与输入信号频率 f 之间的关系曲线。单管阻容耦合放大电路的幅频特性曲线如图 6-2-7 所示，A_{VM} 为中频电压放大倍数，通常规定电压放大倍数随频率变化下降到中频放大倍数的 $1/\sqrt{2}$ 倍，即 $0.707A_{VM}$ 所对应的频率分别称为下限频率 f_L 和上限频率 f_H，则通频带 $f_{BW} = f_H - f_L$。

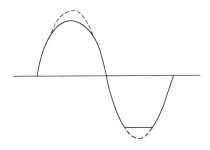

图 6-2-6　静态工作点正常，
输入信号太大引起的失真

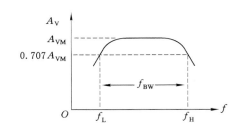

图 6-2-7　幅频特性曲线

放大器的幅频特性就是测量不同频率信号时的电压放大倍数 A_V。为此，可采用前述测 A_V 的方法，每改变一个信号频率，测量其相应的电压放大倍数。测量时应注意取点要恰当，在低频段与高频段应多测几点，在中频段可以少测几点。此外，在改变频率时，要保持输入信号的幅度不变，且输出波形不得失真。

6.2.5　实验内容

实验电路如图 6-2-2 所示,为防止干扰,各仪器的公共端必须连在一起,同时信号发生器、交流毫伏表和示波器的引线应采用专用电缆线或屏蔽线。如使用屏蔽线,则屏蔽线的外包金属网应接在公共接地端上。

（1）调试静态工作点

接通直流电源前,先将 R_W 调至最大,函数信号发生器输出旋钮旋至零。接通 +12 V 电源、调节 R_W 使 $I_C = 2.0$ mA(即 $U_E = 2.0$ V),用直流电压表测量 U_B、U_E 和 U_C,用万用电表测量 R_{B2} 值,并记入表 6-2-1 中。

表 6-2-1　　　　　　　　　　　　　　　　$I_C = 2$ mA

测量值				计算值		
U_B/V	U_E/V	U_C/V	$R_{B2}/k\Omega$	U_{BE}/V	U_{CE}/V	I_C/mA

（2）测量电压放大倍数

在放大器输入端加入频率为 1 kHz 的正弦信号 u_s,调节函数信号发生器的输出旋钮使放大器输入电压 $U_i \approx 10$ mV,同时用示波器观察放大器输出电压 u_o 波形,在波形不失真的条件下用交流毫伏表测量下述三种情况下的 u_o 值,并用双踪示波器观察 u_o 和 u_i 的相位关系,记入表 6-2-2 中。

表 6-2-2　　　　　　　　　　$I_C = 2.0$ mA　　$U_i = $ ＿＿＿＿＿ mV

$R_C/k\Omega$	$R_L/k\Omega$	U_o/V	A_V	观察记录一组 u_o 和 u_i 波形
2.4	∞			
1.2	∞			
2.4	2.4			

（3）观察静态工作点对电压放大倍数的影响

置 $R_C = 2.4$ kΩ,$R_L = \infty$,U_i 适量,调节 R_W,用示波器监视输出电压波形,在 u_o 不失真的条件下,测量数组 I_C 和 U_o 值,记入表 6-2-3 中。

表 6-2-3　　　　　　　　$R_C = 2.4$ kΩ　$R_L = \infty$　$U_i = $ ＿＿＿＿＿ mV

I_C/mA			2.0		
U_o/V					
A_V					

测量 I_C 时,要先将信号源输出旋钮旋至零(即使 $U_i = 0$)。

（4）观察静态工作点对输出波形失真的影响

置 $R_C=2.4\ \text{k}\Omega$，$u_i=0$，调节 R_W 使 $I_C=2.0\ \text{mA}$，测出 U_{CE} 值，再逐步加大输入信号 u_i，使输出电压 u_o 足够大但不失真。然后保持输入信号不变，分别增大和减小 R_W，使波形出现失真，绘出 u_o 的波形，并测出失真情况下的 I_C 和 U_{CE} 值，记入表 6-2-4 中。每次测 I_C 和 U_{CE} 值时都要将信号源的输出旋钮旋至零。

表 6-2-4　　　　　$R_C=2.4\ \text{k}\Omega$　$R_L=\infty$　$U_i=$ _____ mV

I_C/mA	U_{CE}/V	u_o 波形	失真情况	管子工作状态
2.0				

（5）测量最大不失真输出电压

置 $R_C=2.4\ \text{k}\Omega$、$R_L=2.4\ \text{k}\Omega$，按照实验原理 6.2.4.2 中（4）所述方法，同时调节输入信号的幅度和电位器 R_W，用示波器和交流毫伏表测量 U_{opp} 和 U_o 值，记入表 6-2-5 中。

表 6-2-5　　　　　$R_C=2.4\ \text{k}\Omega$　$R_L=2.4\ \text{k}\Omega$

I_C/mA	U_{im}/mV	u_{om}/V	U_{opp}/V

（6）测量输入电阻和输出电阻

置 $R_C=2.4\ \text{k}\Omega$、$R_L=2.4\ \text{k}\Omega$、$I_C=2.0\ \text{mA}$，输入 $f=1\ \text{kHz}$ 的正弦信号，在输出电压 u_o 不失真的情况下，用交流毫伏表测出 U_o、U_i、U_L 并进行记录，表格可自拟。

保持 U_s 不变，断开 R_L，测量输出电压 U_o，记入表 6-2-6 中。

表 6-2-6　　　　　$I_C=2.0\ \text{mA}$　$R_C=2.4\ \text{k}\Omega$　$R_L=2.4\ \text{k}\Omega$

U_a/V	U_b/V	R_i/kΩ		U_i/V	U_o/V	R_o/kΩ	
		测量值	计算值			测量值	计算值

（7）测量幅频特性曲线

置 $R_C=2.4\ \text{k}\Omega$、$R_L=2.4\ \text{k}\Omega$、$I_C=2.0\ \text{mA}$，保持输入信号 u_i 的幅度不变，改变信号源频率 f，逐点测出相应的输出电压 U_o，记入表 6-2-7 中。

表 6-2-7 　　　　　　　　　　　$U_i =$ _____ mV

	f_1	f_o	f_n
f/kHz			
U_o/V			
$A_v = U_o/U_i$			

为使信号源频率 f 取值合适,可通过预测找出中频范围,然后再仔细阅读。本实验内容较多,其中(6)、(7)可作为选做内容。

6.2.6　实验报告

① 列表整理实验结果,并将实测的静态工作点、电压放大倍数、输入电阻、输出电阻之值与理论计算值进行比较(取一组数据进行比较),分析产生误差的原因。

② 总结 R_C、R_L 及静态工作点对放大器电压放大倍数、输入电阻、输出电阻的影响。

③ 讨论静态工作点变化对放大器输出波形的影响。

④ 分析讨论在调试过程中出现的问题。

6.2.7　注意事项

① 严格遵守几种仪器使用时"共地"的连接原则。

② 严禁信号发生器、直流稳压电源输出端短路。

③ 实验完毕,按有关规定恢复仪器仪表的开关旋钮。

6.2.8　思考题

① 测量 R_{B2} 时,为什么要关掉 V_{CC},且要断开 R_{B2} 与电路的一个连线? 否则会出现什么问题?

② 在测试放大器的指标时,测试仪器为什么要遵守"共地"的原则?

6.3　差分放大电路

6.3.1　实验目的

① 理解差分放大电路的工作原理、电路特点和抑制零点漂移的方法。

② 掌握差分放大电路零点调整方法和静态工作点的测试方法。

③ 掌握差分放大电路差模电压放大倍数和共模电压放大倍数的测量方法。

6.3.2　实验仪器设备

① 函数信号发生器。

② 数字万用表。

③ 交流毫伏表。

④ 双踪示波器。

⑤ 电路实验箱。

⑥ 导线。

6.3.3 实验原理

差分放大电路如图 6-3-1 所示。它是由两个元器件参数相同的基本共射极放大电路组成的,具有放大差模信号、抑制共模信号的作用。调零电位器 R_P 用来调节 T_1、T_2 管的静态工作点,使得输入信号 $U_i = 0$ 时,双端输出电压 $U_o = 0$。R_1、R_2、R_E、T_3 构成恒流源,可以抑制零点漂移,稳定静态工作点。其静态值可用下面公式估算:

$$I_{C3} \approx I_{E3} \approx \frac{\dfrac{R_2}{R_1+R_2}(U_{CC}+|U_{EE}|)-U_{BE}}{R_E}, \quad I_{C1}=I_{C2}=\frac{1}{2}I_{C3}$$

当输入差模信号时,差分放大电路对其具有放大作用。差模电压放大倍数 A_d 由输出方式决定,而与输入方式无关。

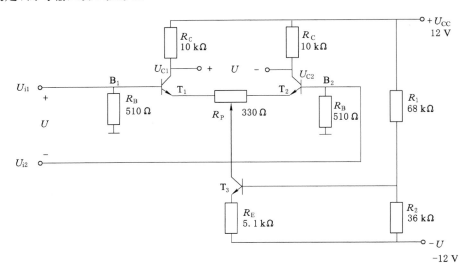

图 6-3-1 差分放大电路

双端输出:$A_d = \dfrac{\Delta U_o}{\Delta U_i} \approx -\dfrac{\beta R_C}{R_B + r_{BE}}$

单端输出:$A_{d1} = \dfrac{\Delta U_{C1}}{\Delta U_i} = \dfrac{1}{2}A_d$, $A_{d2} = \dfrac{\Delta U_{C2}}{\Delta U_i} = -\dfrac{1}{2}A_d$

当输入共模信号时,差分放大电路对其具有抑制作用。若为单端输出,则有共模电压放大倍数 $A_{C1} = A_{C2} = \dfrac{\Delta U_{C1}}{\Delta U_i} \approx -\dfrac{R_C}{2R_E}$;若为双端输出,在理想情况下有 $A_C = 0$。

差分放大电路的输入信号可采用直流信号也可采用交流信号。

共模抑制比是一个全面衡量差分放大电路对差模信号(有用信号)的放大能力和对共模信号的抑制能力的综合指标,其定义为:

$$K_{CMRR} = \left| \frac{A_d}{A_C} \right| \quad \text{或} \quad K_{CMRR} = 20\lg\left| \frac{A_d}{A_C} \right| \text{(dB)}$$

显然,共模抑制比越大,差分放大电路分辨所需要的差模信号的能力越强,而受共模信号的影响越小,零点漂移越小,抗共模干扰能力越强。提高共模抑制比的手段,一是尽可能使电路参数对称,二是尽可能加大电阻 R_E。

6.3.4　实验内容

(1) 调零并测量静态工作点

① 按图 6-3-1 接线,并将输入端短路接地,U_{CC}、U_{EE} 分别接入 $+12$ V、-12 V 直流电源电压。调节调零电位器 R_P,同时用万用表监测双端输出 U_o,使 $U_o=0$。

② 测量晶体管 T_1、T_2、T_3 各极对地电位,并将测量结果填入表 5-4-1 中。

表 6-3-1　　　　　　　　　　　测量静态工作点

对地电位	T_1			T_2			T_3		
	U_{C1}/V	U_{B1}/V	U_{R1}/V	U_{C2}/V	U_{B2}/V	U_{R2}/V	U_{C3}/V	U_{B3}/V	U_{R3}/V
测量值/V									

(2) 测量差模电压放大倍数

用直流稳压电源的输出作为输入信号,使 $U_{i1}=0.1$ V,$U_{i2}=-0.1$ V。用万用表分别测量 U_{C1}、U_{C2}、U_o,将结果填入表 6-3-2,并计算差模电压放大倍数 A_{d1}、A_{d2}、A_d。

表 6-3-2　　　　　　　　　　　测量差模电压放大倍数

U_{i1}/V	U_{i2}/V	U_{C1}/V	U_{C2}/V	U_o/V	A_{d1}	A_{d2}	A_d
$+0.1$	-0.1						

(3) 测量共模电压放大倍数

将输入端 B_1、B_2 短接,使 $U_{i1}=0.1$ V,则 $U_{i2}=0.1$ V。用万用表分别测量 U_{C1}、U_{C2}、U_o,将结果填入表 6-3-3,并计算共模电压放大倍数 A_{C1}、A_{C2}、A_C。

表 6-3-3　　　　　　　　　　　测量共模电压放大倍数

U_{i1}/V	U_{i2}/V	U_{C1}/V	U_{C2}/V	U_o/V	A_{C1}	A_{C2}	A_C
$+0.1$	-0.1						

(4) 计算共模抑制比

利用表 6-3-2 和表 6-3-3 中的结果,计算共模抑制比 $K_{CMRR}=\left|\dfrac{A_d}{A_c}\right|=$ _____。

(5) 单端输入(不对称输入)差分放大电路测量

① 将 B_2 接地,成为单端输入的差分放大电路。使 $U_{i1}=0.1$ V,用万用表测量 U_{C1}、U_{C2}、U_o,将结果填入表 6-3-4 中,并计算电压放大倍数 A_{U_1}、A_{U_2}、A_U。

② 从函数信号发生器输出 50 mA(有效值)、1 kHz 的正弦交流信号,接至 B_1 端,用毫伏表测量 U_{C1}、U_{C2}、U_o,将结果填入表 6-3-4,并计算电压放大倍数 A_{U_1}、A_{U_2}、A_U。输入交流信号时,用示波器监测 u_{C1}、u_{C2} 波形。若有失真,可减小输入信号,使 u_{C1}、u_{C2} 波形都不失真。

表 6-3-4   **测量单端输入差分放大电路的电压放大倍数**

测量、计算值 输入信号	电压值			放大倍数		
	U_{C1}/V	U_{C2}/V	U_o/V	A_{U1}	A_{U2}	A_U
直流+0.1 V						
正弦交流 50 mV,1 kHz						

6.3.5　实验报告

① 整理测量数据、计算对应的电压放大倍数,并填入相应的表格。

② 根据电路参数,计算各种接法的电压放大倍数,并与测量计算出的数值进行比较。

③ 比较双端输入时,U_{i1} 与 U_{C1}、U_{i2} 与 U_{C2} 的相位关系;单端输入时,U_i 与 U_{C1}、U_{C2} 的相位关系。

6.3.6　注意事项

测量静态工作点和动态指标前,一定要先调零。

6.3.7　思考题

① 双端输入、单端输入及共模输入时,实验电路的输入端与信号源的输出端应如何连接? 画图说明。

② 测量差模放大倍数与共模放大倍数应选用什么测量仪器(如示波器、交流毫伏表)? 为什么?

③ 差分放大电路调零时,为什么要把输入端接地? 怎样用示波器进行零点检测?

6.4　集成运算放大器的线性应用

6.4.1　实验目的

① 掌握集成运算放大器的正确使用方法。

② 掌握用线性放大器构成的基本运算放大器、加法器、积分器和微分器等电路。

6.4.2　实验仪器和设备

① 示波器。

② 晶体管毫伏表。

③ 万用表。

④ 元器件若干。

⑤ 模拟电子实验台。

6.4.3　实验预习要求

① 复习集成运算放大器中与本实验有关的各种应用电路及工作原理。

② 详细写出实验内容及各项具体步骤、实验表格及理论计算值等。

6.4.4　实验原理

（1）反向比例放大电路

电路如图 6-4-1 所示。输入信号 u_i 经电阻 R_1 接到运放反相输入端，而同相输入端经过平衡电阻 R' 接地，输出电压 u_o 经反馈电阻 R_F 接回到反相输入端，形成深度电压并联负反馈。

由于将运放看成是理想运放，而且工作在线性区，根据运放工作在线性区的特点：$i_- \approx 0$，$i_+ \approx 0$，即流入运放两个输入端的电流可视为零；$u_- \approx u_+$，即运放两个输入端之间的电压非常接近，所以：

$$u_o = -\frac{R_F}{R_1}u_i \tag{6-4-1}$$

即输出电压与输入电压成比例。其中负号表示 u_o 与 u_i 相位相反。

$$A_f = -\frac{R_F}{R_1} \tag{6-4-2}$$

说明运放闭环放大倍数 A_f 与运放本身参数无关，取决于 R_1 和反馈网络的元件参数。

（2）同相比例放大电路

电路如图 6-4-2 所示。同相输入时，信号 u_i 接到同相输入端，为了保证电路稳定，反馈仍须接到反相输入端，形成电压串联负反馈。

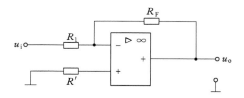

图 6-4-1　反相比例放大电路

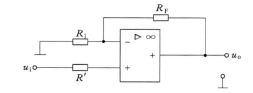

图 6-4-2　同相比例放大电路

由于集成运放可视为理想运放，且工作在线性区，即 $i_+ = i_- \approx 0$，$u_- \approx u_+ = u_i$，则：

$$\frac{u_o}{R_1 + R_F}R_1 = u_i \tag{6-4-3}$$

$$u_o = \left(1 + \frac{R_F}{R_1}\right)u_i \tag{6-4-4}$$

$$A_f = 1 + \frac{R_F}{R_1} \tag{6-4-5}$$

即输出电压与输入电压成比例，而且同相位。说明同相输入运算电路闭环放大倍数也只与外部电阻 R_1、R_F 有关。

（3）加法电路

图 6-4-3 为实现加法运算的电路，简称加法器。它是一个反相放大器。利用理想化条件可得下式：

$$\frac{u_{i1} - u_-}{R_1} + \frac{u_{i2} - u}{R_2} = \frac{u_+ - u_o}{R_F} \tag{6-4-6}$$

由此可得：

$$u_o = -\left(\frac{R_F}{R_1}u_{i1} + \frac{R_F}{R_2}u_{i2}\right) \tag{6-4-7}$$

若 $R_1 = R_2 = R_F$，则上式变为：

$$u_o = -(u_{i1} + u_{i2})$$

加法器也可以利用同相放大器组成（输出电压与输入电压同相，无负号）。

（4）减法电路

图 6-4-4 为实现减法运算的电路，简称减法器。实际上它就是一个差动放大电路，利用理想化条件，可得：

$$\frac{u_{i1} - u_-}{R_1} = \frac{u_- - u_o}{R_F}$$

$$\frac{u_{i2} - u_+}{R_2} = \frac{u_+}{R_3}$$

从而可得：

$$u_o = \left(\frac{R_1 + R_F}{R_1}\right)\left(\frac{R_3}{R_2 + R_3}\right)u_{i2} - \frac{R_F}{R_1}u_{i1} \tag{6-4-8}$$

若 $R_2 = R_1, R_3 = R_F$，则上式可简化为：

$$u_o = \frac{R_F}{R_1}(u_{i2} - u_{i1}) \tag{6-4-9}$$

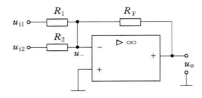

图 6-4-3　加法运算原理电路

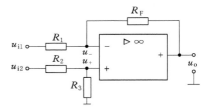

图 6-4-4　减法运算原理电路

6.4.5　实验内容

（1）调零

在电路图 6-4-5 中，调节 R_P 使 $U_o = 0$，U_o 可用万用表或实验台面板上的直流数字电压表测得。图 6-4-6 为集成运放管脚功能和排列图。

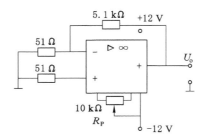

图 6-4-5　运放调零电路

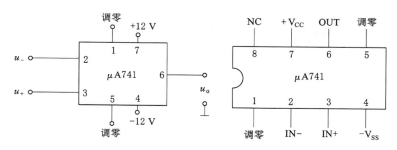

图 6-4-6　μA741 管脚功能和排列图

（2）反相比例放大电路

① 接线如图 6-4-7 所示，U_i 用实验台面板上的直流信号。

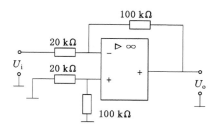

图 6-4-7　反相比例放大电路

② 当 U_i 分别为 -0.5 V，-0.3 V，-0.1 V，0 V，$+0.1$ V，$+0.3$ V，$+0.5$ V 时，用万用表或实验台面板上的直流数字电压表测得 U_o 值，并计算出相应的理论值，填入表 6-4-1 中。

表 6-4-1

U_i/V	-0.5	-0.3	-0.1	0	0.1	0.3	0.5
U_o/V							
计算值 U_o/V							

（3）同相比例放大电路

接线如图 6-4-8 所示。输入 U_i 为直流信号 0.3 V，0.1 V，0.4 V 时，用万用表或实验台面板上的直流数字电压表测得 U_o 值，并计算出相应的理论值，填入表 6-4-2 中。

表 6-4-2

U_i/V	-0.3	0.1	0.4
U_o/V			
计算值 U_o/V			

（4）加法运算

如图 6-4-9 进行接线，输入 U_{i1}、U_{i2} 均为直流信号，用万用表或实验台面板上的直流数字电压表测得 U_o 值，并计算出相应的理论值，填入表 6-4-3 中。

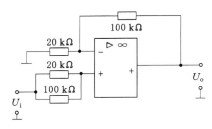

图 6-4-8　同相比例放大电路

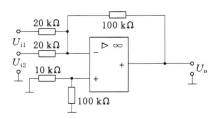

图 6-4-9　加法电路

表 6-4-3

U_{i1}/V	0.1	0.1	-0.3	0.4	0.4
U_{i2}/V	0.2	-0.4	-0.3	-0.4	0
U_o/V					
计算值 U_o/V					

（5）减法电路

如图 6-4-10 进行接线。输入 U_{i1}、U_{i2} 均为直流信号,用万用表或实验台面板上的直流数字电压表测得 U_o 值,并计算出相应的理论值,填入表 6-4-4 中。

表 6-4-4

U_{i1}/V	0.2	-0.1
U_{i2}/V	0.4	-0.4
U_o/V		
计算值 U_o/V		

（6）微分运算

微分运算电路如图 6-4-11 所示。

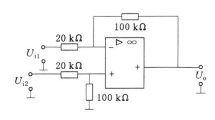

图 6-4-10　减法电路

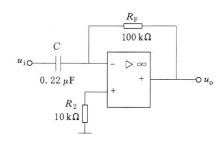

图 6-4-11　微分电路

① 输入 $f=100$ Hz、500 mV 的正弦波,用毫伏表分别测量输出电压值 u_o,并与理论值比较,同时用示波器观察输入、输出波形,并记录;

② 改变输入信号频率,再测量并观察输出电压并记录;

③ 输入方波,频率 200 Hz,幅值 ± 5 V,用示波器观察输入、输出波形,并记录(表格自拟)。

（7）积分运算

积分运算电路图如图 6-4-12 所示。

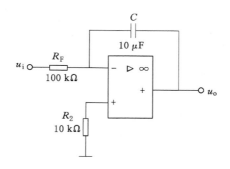

图 6-4-12　积分电路

① 输入方波,频率 200 Hz,幅值±5 V,用示波器观察输入、输出波形,并记录;
② 将输入信号频率改为 500 Hz,重复上述步骤。

6.4.6　实验报告

① 根据实验数据,计算放大器,加法器的相关数据,并与理论值进行比较。
② 填写有关数据表格。
③ 画出积分、微分电路输出波形,并注明其与输入波形的相位关系。

6.4.7　实验注意事项

① 切忌将集成运放的正、负电源极性接反和输出端短路,否则会损坏集成块。
② 调零完成后,调零管脚及电源电压应保持不变。
③ 严格遵守几种仪器使用时"共地"的连接原则。
④ 严禁信号发生器、直流稳压电源输出端短路。
⑤ 实验完毕,按有关规定恢复仪器仪表的开关旋钮。

6.4.8　思考题

在使用运放前为什么要先调零?

6.5　单相整流滤波稳压电路

6.5.1　实验目的

① 了解单相半波和单相桥式整流电路的工作原理。
② 了解电容滤波及 Ⅱ 型滤波的工作原理及外特性。
③ 学习三端集成稳压电路的使用方法。
④ 学习直流稳压电源的组成原理及测试方法。

6.5.2 实验仪器设备

① 数字万用表;② 双踪示波器;③ 变压器;④ 滑线变阻器或电位器(建议 300 Ω/2 W);⑤ 二极管;⑥ 定值电阻各 1 只(建议:100 Ω,300 Ω/2 W);⑦ 电容各 1 只(建议:10 μF,100 μF,220 μF);⑧ 三端集成稳压块 W7805。

6.5.3 实验预习要求

① 复习整流、滤波、稳压电路的工作原理。

② 完成表 6-5-1 中的计算值,记入预习报告中。

③ 在图 6-5-1 所示的电路中,若将一只二极管断开,是什么电路?

④ 如图 6-5-1 所示,在单相全波整流电路中,如果 a. D_3 断开,b. D_3 被击穿短路,c. D_3 极性接反,试分别说明其后果如何?

⑤ 滤波电容的大小对输出电压及波形有何影响?

⑥ 三端集成稳压器选择 W7805 时,输出电压应为多少?

6.5.4 实验原理

图 6-5-1 所示电路为整流、滤波、稳压电路,它能将输入的 220 V(50 Hz)交流电压变换为稳定的直流电压输出到负载上去。在这里,输入变压器不只将输入的市电变换成整流电路适用的电压,而且还起到了将强、弱电隔离的作用,所以又称隔离变压器。

(1) 整流

整流电路是利用二极管的单向导电性,将交流电变成单向脉动的直流电。单相整流电路常用半波整流和桥式整流。

单相半波整流:$U_o = 0.45U_2$;

单相桥式整流:$U_o = 0.9U_2$。

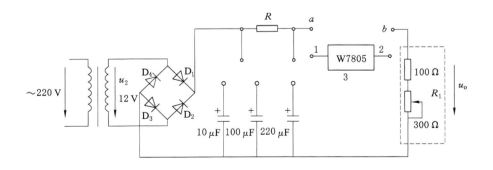

图 6-5-1 整流、滤波、稳压电路

(2) 滤波

整流电路将交流电压变换成脉动的直流电压,为将脉动电压的交流分量减小,通常加入滤波电路。常用的滤波电路有:电容滤波、电感滤波和 Π 型滤波。电容滤波电路简单,滤波

效果好,是一种应用最多的滤波电路。选择合适的电容滤波时,其输出电压与变压器副边电压之间的关系是:

单相半波整流电容滤波: $U_o = U_2$;

单相全波整流电容滤波: $U_o = 1.2U_2$;

空载时: $U_o = 1.414U_2$。

电容滤波的外特性较差,当电容 C 一定时,负载电阻 R_L 减小,导致了放电时间常数减小,输出电压平均值 U_o 随之下降。

(3) 稳压

稳压电路的种类很多,常用的稳压电路有稳压管稳压电路,串联稳压电路和集成稳压电路。三端集成稳压器使用简单,稳压效果好。常用的有 W7800 系列(输出正电压)和 W7900 系列(输出负电压)。

6.5.5　实验内容

(1) 半波整流、滤波电路

① 按图 6-5-1 接线,电路完成连线后将二极管 D_3 断开,此时电路为半波整流电路。接通电源,使变压器的副边电压 $U_2 = 12$ V。

② 将图 6-5-1 中 R 短路,所有电容不接,a、b 两点短接,用直流电压表测量输出电压的大小,将示波器接在负载两端,观察输出电压的波形,记录于表 6-5-1 中。

③ 分别接入不同容量的电容滤波,测试输出电压数值与波形,记录于表 6-5-1 中。

④ 将图 6-5-1 中 R 的短接导线断开,R 与 100 μF,220 μF 两个电容组成 Ⅱ 型滤波电路,如图 6-5-2 所示,测量输出电压数值与波形,记录于表 6-5-1 中。

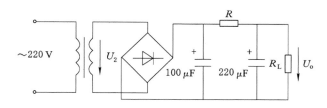

图 6-5-2　Ⅱ 型滤波电路

表 6-5-1　　　　　　　　　　　整流滤波数据及波形记录

			无滤波	电容滤波		π 型滤波
				10 μF	100 μF	
半波整流	负载上直流电压 /U_o	计算值				
		测量值				
		波形				
	空载时的 U_o					

| | | | 无滤波 | 电容滤波 | | π 型滤波 |
				10 μF	100 μF	
桥式整流	负载上直流电压 /U_o	计算值				
		测量值				
		波形	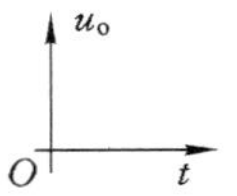 u_o O t	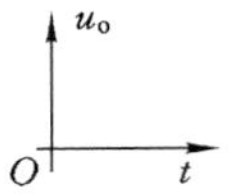 u_o O t	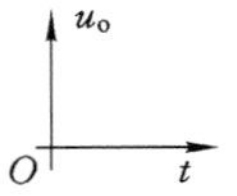 u_o O t	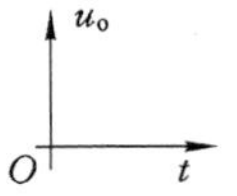 u_o O t
	空载时的 U_o					

（2）桥式整流、滤波电路

① 将图 6-5-1 所示电路中的二极管 D_3 接入，此时电路为桥式整流电路。接通电源，使变压器的副边电压 $U_2 = 12$ V。

②③④同①。

（3）测量电容滤波电路外特性

将电路接成全波整流，100 μF 电容滤波。改变负载电阻 R_L 的数值，测量电压、电流值，填入表 6-5-2 中，画出外特性曲线。

表 6-5-2　　　　　　　　　　电容滤波电路外特性

输出电流/mA	0	40	60	80
输出电压/V				

（4）测量集成稳压电路外特性

将电路接成全波整流，100 μF 滤波电容接入集成稳压块 W7805（如图 6-5-1 所示，W7805 的"1"脚与"a"点相连；"2"脚与"b"点相连），改变负载电阻 R_L，测量输出电压、电流，填入表 6-5-3 中，画出外特性曲线。

表 6-5-3　　　　　　　　　　稳压电路外特性

输出电流/mA	0	15	25	35	45
输出电压/V					

6.5.6　注意事项

① 变压器副边电压 U_2 为交流电压有效值，用万用表交流电压挡测量；输出直流电压 U_o 为平均值，用万用表直流电压挡测量。

② 观察不同滤波电路的输出波形时，应固定示波器的垂直灵敏度旋钮 V/Div。

③ 注意二极管及滤波电容的极性，切勿接反。

6.5.7 实验报告

① 整理实验数据与理论值相比较,找出产生误差的原因。
② 根据实验结果,分析输出电压波形与滤波电容量的关系。
③ 根据实测值(表 6-5-2、表 6-5-3),画出电容滤波及稳压电路的外特性曲线。
④ 写出本次实验的收获、体会、建议。

6.5.8 思考题

① 在半波整流和桥式整流电路中,各二极管应如何选取?
② 验证无滤波时,负载整流电压。
③ 在桥式整流中,若有一管子的电极接反了,估计会出现什么问题?
④ 滤波电容的大小对输出电压及波形有什么影响?

6.6 直流稳压电源的应用

6.6.1 实验目的

① 理解整流、滤波和稳压电路的工作原理。
② 研究单相桥式整流电路、滤波电路和稳压电路的特性。
③ 掌握直流稳压电源主要技术指标的测试方法。

6.6.2 实验仪器和设备

① 可调工频电源;② 直流电压表;③ 直流毫安表;④ 交流毫伏表;⑤ 双踪示波器;⑥ 滑线变阻器 200 Ω;⑦ 二极管 1N4007×4;⑧ 滤波电容器若干;⑧ 电子技术实验箱等。

6.6.3 实验预习要求

① 复习直流稳压电源的原理,说明图 6-6-2 中 $U_。$、U_1、U_2、U_3 的物理意义,并考虑从实验仪器中选择合适的测量仪表。
② 根据图 6-6-2 的实验电路参数估算 $U_。=12$ V 时,U_1、U_2、U_3 的数值。
③ 在桥式整流电路中,如果某个二极管发生开路、短路或反接三种情况,将会出现什么问题?
④ 为了使稳压电源的输出电压 $U_。=12$ V,则其输入电压的最小值 U_{1min} 应等于多少?交流输入电压 U_{2min} 又怎样确定?
⑤ 如何提高稳压电源的性能指标?

6.5.4 实验原理

电子设备一般都需要直流电源供电。这些直流电除了少数直接利用干电池和直流发电机外,大多数是采用把交流电(市电)转变为直流电的直流稳压电源。常用的模拟直流稳压电源由电源变压器、整流电路、滤波电路和稳压电路等部分组成,其电路框图如图 6-6-1 所示。

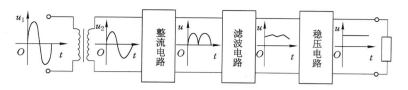

图 6-6-1　直流稳压电源的原理框图

一般电网提供的是 220 V 或 380 V 的交流电压,比通常负载所需的直流电压要高得多,因此需要将电网电压通过电源变压器降压至相应电压。整流电路是由具有单向导电特性的整流二极管组成的。整流电路的作用是将正负交替的交流电压整流成单方向的脉动电压。常用的整流电路有桥式整流电路和全波整流电路等。

滤波电路通常是由电感、电容和电阻等无源元件组成的。滤波电路的作用是尽可能将单方向的脉动电压中的交流成分滤掉,使输出电压成为比较平稳的直流电压。根据适用场合和要求的不同,常用的滤波电路有电阻、电容构成的 Ⅱ 型或 Γ 型滤波电路。

稳压电路通常由取样、基准、比较、放大和调整等电路组成,用来调整因电网电压或负载变化引起的输出电压的变化,以保持输出电压的恒定。图 6-6-2 所示为典型的串联型集成稳压电源。

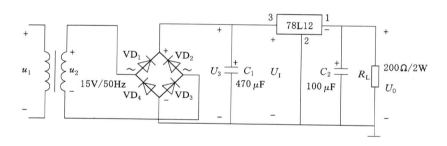

图 6-6-2　串联型集成稳压电源

6.6.4.1　器件的选用原则

三端集成稳压芯片通常可根据给定的输出电压值和极性要求、输出电流值和实际使用条件选取。若要求输出正极性电压,可选用 78 系列芯片;若要求输出负极性电压,可选用 79 系列芯片。当集成稳压芯片不能满足输出电流或输出电压的要求时,可考虑外接功率管进行扩流或调压。选用芯片时还要注意,其输入电压 u_i 应比输出电压 u_o 高 3～5 V,以保证集成稳压器在线性范围内工作。

滤波电容 C_1、C_2 可按一般滤波电路的要求选择。通常 C_1 选取几百微法至几千微法,C_2 选取几十微法至几百微法的电解电容器,电容器耐压值按各电容所处位置的端电压的 1.5 倍以上选取,使用时要注意极性以免接错。当稳压电路与整流滤波电路距离较远时,可在 C_1 处并上电容器 C_3(0.33 μF),以抵消长线路的电感效应,防止自激振荡;C_2 处可并上电容 C_4(0.1 μF)用于滤除高频信号,改善电路的暂态响应。

桥式整流的 4 个二极管容量,应按照流过二极管的平均电流

$I_D\left(I_D=\dfrac{1}{2}I_o,\ I_o\ 为输出电流\right)$ 和承受的最大反向电压 $U_{RM}(U_{RM}=\sqrt{2}U_2)$ 选择,并适当留有余量。

　　电源变压器的作用是将电网 220 V 的交流市电 u_1,经过降压后得到整流电路所需的交流电压 u_2。在桥式整流的集成稳压电路中,U_2(有效值)一般可按稳压器输出电压+稳压器压降(3~5 V)+整流器压降(1~1.4 V)+滤波器压降(按 RC 滤波器上的电阻实际压降计算)之和再乘以 0.8~0.9 系数选取;其输出电流按负载电流的 1.4~2 倍选取。根据负载供电要求得出变压器各二次绕组应输出的电压和电流后,即可大致按电压与电流的乘积分别求得各二次绕组的输出功率,并将这些功率相加再除以 0.85~0.9 系数,以得到所选用电源变压器的功率容量。在抗干扰性要求高的场合,应选择带有静电屏蔽层的电源变压器,以保证进入变压器一次绕组的干扰信号直接入地,降低干扰。

6.6.4.2　主要性能指标

　　(1) 输出电压 U_o 和输出电流 I_o

　　输出电压 U_o 通常指稳压后的额定直流输出电压值。例如采用集成稳压器 78L12,其输出电压为 12 V。输出电流 I_o 通常指稳压器的额定输出电流。例如 78L12 额定输出电流为 100 mA。简便方法是在稳压器输出端接上合适的负载电阻 R_L,直接测量流过 R_L 的电流确定。

　　(2) 稳压系数 S

　　稳压系数是指在负载保持不变时,稳压器的输出电压相对变化量与输入电压相对变化量之比。即:

$$S=\frac{\Delta U_o/U_o}{\Delta U_I/U_I}$$

　　工程上通常把电网电压波动 $\pm10\%$ 作为极限条件,故将此时稳压器输出电压的相对变化 $\Delta U_o/U_o$ 作为衡量指标,称为电压调整率。

　　(3) 输出电阻 R_o

　　稳压电路输出电阻是指在输入电压 U_I 保持不变时,通过改变负载电阻,得到引起输出电压变化量 ΔU_o 与输出电流变化量 ΔI_o 的比值,即:

$$R_o=\frac{\Delta U_o}{\Delta I_o}\bigg|_{\Delta U_I=0}$$

　　(4) 纹波电压

　　输出纹波电压是指在额定负载条件下,输出电压中所含交流分量的有效值或峰值。要求当输入电压变化 10%,且 $I_o=100$ mA 时测得的纹波电压仍能满足要求。

6.6.5　实验内容

　　(1) 整流电路的测试

　　① 在电子技术的实验箱上按图 6-6-2 搭接实验电路。先断开滤波器和稳压器,即图中的 C_1、78L12、C_2 均不接入。然后将桥式整流电路的输出端接上负载电阻 R_L,选取 200 Ω(2 W)。注意,实验箱的地端是电源中性线(零线),而实验电路的地端是经整流的直流负载,两者不能连到一起,以免变压器的隔离失效。

　　② 接通交流电源,调节可调变压器使 U_2 为 15 V。用示波器分别观测 U_2 和 R_L 上的基

波电压幅值 U_{o1m}，记录到表 6-6-1 中，并画出波形图。

③ 用直流电压表测量 R_{L1} 上的平均直流电压 $U_{o(av)}$，填入表 6-6-1 中。然后计算脉动系数 S_1。其中 $U_{o1m}=\dfrac{4}{3\pi}\sqrt{2}U_2$，$U_{o(av)}\approx 0.9U_2$，$S_1=\dfrac{U_{o1m}}{U_{o(av)}}$。

表 6-6-1　　　　　　　　　　　　　　整流电路的参数测试记录

测试参数 ＼ 测试内容	U_2	U_{o1m}	$U_{o(av)}$	S_1
计算值				
电压值				
波形图				

（2）滤波电路的测试

① 在测试整流电路的基础上，将电容 C_1 为 $100\ \mu\text{F}/25\ \text{V}$ 并接到 R_L 上，分别测量 U_{o1m}、$U_{o(av)}$，并用示波器观察输出端的电压波形。

② 保持 R_L 不变，将 C_1 改为 $470\ \mu\text{F}$，重复上述测量和观察波形。

③ 改变 $R_L \rightarrow \infty$，保持 C_1 为 $470\ \mu\text{F}$，重复上述测量和观察波形。

将上述①～③的测量数据分别记入表 6-6-2 中。

表 6-6-2　　　　　　　　　　　　　　滤波电路的参数测试记录

测试参数 ＼ 测试内容	U_{o1m}	$U_{o(av)}$	$U_{o(av)}$ 波形
$R_L=200\ \Omega$，$C_1=100\ \mu\text{F}/25\ \text{V}$			
$R_L=200\ \Omega$，$C_1=470\ \mu\text{F}/25\ \text{V}$			
$R_L \rightarrow \infty$，$C_1=100\ \mu\text{F}/25\ \text{V}$			

测试时应注意，每次改接电路时，必须切断电源；在观察输出电压 U_{o1m} 波形的过程中，"Y 轴灵敏度"旋钮位置调好以后，不要再变动，否则将无法比较各波形的脉动情况。

（3）稳压电路的测试

① 按图 6-6-2 搭接电路，即在上述电路基础上，接入三端稳压器 78L12。

② 用直流电压表分别测量 R_L 为空载（$R_L \rightarrow \infty$）时的输出电压 U_o 和带载（$R_L=200\ \Omega$）时的输出电压 U_{oL}，然后分别计算此时输出电压的变化量 $\Delta U_o=U_o-U_{oL}$、输出电流变化量 $\Delta I_o=\dfrac{U_{oL}}{R_L}$ 和稳压器的输出电阻 $R_o=\dfrac{\Delta U_o}{\Delta I_o}$。

③ 用交流毫伏表测量稳压器带载时的输出纹波电压 $U_{o(av)}$。

④ 拆除整流电路，从滤波器输入端改用直流电压源输入，使稳压器的输入电压 $U_I=15\ \text{V}$，输出接 $200\ \Omega/2\ \text{W}$ 电阻作为负载，测量输出电压 U_{oL}。然后改变输入电压 U_I 变化 $\pm10\%$，测量相应的输出电压，并计算稳压系数 S。

将上述测量数据记入表 6-6-3 中。

表 6-6-3	稳压电路的参数测试记录				
	U_o	U_{oL}	$U_{o(av)}$	R_o	S
前 3 种情况					
$U_1=15$ V					
$U_1=13.5$ V					
$U_1=16.5$ V					

6.6.6　实验报告

① 整理实验数据,总结桥式整流电容滤波电路的特点。

② 计算稳压电路的稳压系数和输出电阻并进行分析。

③ 分析讨论实验中出现的故障及排除方法。

6.6.7　注意事项

① 每次改接电路时,必须切断工作电源。

② 在观察输出电压、波形的过程中,"r 轴灵敏度"旋钮位置调好后不要再变,否则将无法比较各波形的脉动情况。

③ 实验完毕,按有关规定恢复仪器仪表的开关旋钮。

6.6.8　思考题

① 在桥式整流电路实验中,能否用双踪示波器同时观察 u_2 和 $\overline{u_o}$ 的波形? 为什么?

② 试分析实验中出现不正常现象的原因并提出解决的方法。

③ 试分析 $R_L \to \infty$,$C=470$ μF 时波形产生的原因。

6.7　基本集成逻辑门电路功能的测试

6.7.1　实验目的

① 熟悉并能正确使用数字电子技术实验装置。

② 掌握各种常用门电路的逻辑符号,验证其基本逻辑功能。

③ 熟悉常用 74LS 系列 TTL 集成电路和 CMOS 集成电路芯片的管脚排列及标示识别方法。

④ 学习测试集成与非门的电压传输特性。

⑤ 试用与非门组成其他逻辑门电路。

6.7.2　实验仪器和设备

① 数字电路实验箱。

② 实验所用各种集成电路芯片:四 2 输入与门 74LS08、四 2 输入或门 74LS32、四 2 输入与非门 74LS00、双四输入或非门 CD4002、六反相器 74LS04 等。

6.7.3 实验原理

门电路实际上是一种条件开关电路,由于门电路的输出信号与输入信号之间存在着一定的逻辑关系,所以又称为逻辑门电路。

6.7.3.1 TTL 逻辑门电路

TTL 逻辑门电路有与门、或门和非门三种,也可将其组合构成具有其他逻辑功能的门电路,如与非门、或非门等。本实验采用 74LS 系列 TTL 集成电路,它的工作电源电压为 (5 ± 0.5)V,逻辑高电平 1 时输出电压 $u_o\geq2.4$ V,逻辑低电平 0 时输出电压 $u_o\leq0.4$ V。

(1) 与门电路

图 6-7-1 为四 2 输入与门 74LS08 管脚排列图,其输出与输入的逻辑关系为:$Q=AB$。

(2) 或门电路

图 6-7-2 为四 2 输入或门 74LS32 管脚排列图,其输出与输入的逻辑关系为 $Q=A+B$。

(3) 与非门电路

图 6-7-3 为四 2 输入与非门 74LS00 管脚排列图,其输出与输入的逻辑关系为:$Q=\overline{AB}$。

(4) 或非门电路

用或门 74LS32 与图 6-7-4 六反相器 74LS04 构成的或非门电路,其输出与输入的逻辑关系为:$Q=\overline{A+B}$。

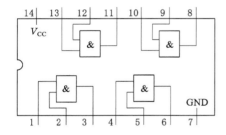

图 6-7-1 四 2 输入与门 74LS08 管脚排列图

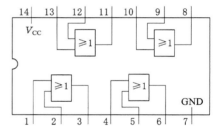

图 6-7-2 四 2 输入或门 74LS32 管脚排列图

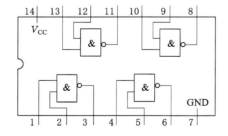

图 6-7-3 四 2 输入与非门 74LS00 管脚排列图

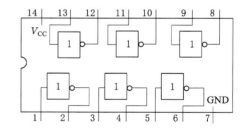

图 6-7-4 六反相器 74LS04 管脚排列图

6.7.3.2 CMOS 集成门电路

CMOS 集成门电路的逻辑符号、逻辑关系及管脚排列方法等均同 TTL 逻辑门电路,所不同的是型号和电源电压范围。V_{cc} 接电源正极,V_{ss} 接电源负极(通常接地),不允许接反。多余的输入端不允许悬空,必须按逻辑要求处理,即接 +5 V 电源或接地,否则会使电路逻辑混乱并损害器件。

CMOS 门电路的逻辑功能验证方法类同 TTL 门电路。本实验以 CMOS 或非门逻辑功能验证为例。选用双 2-2 输入或非门 CC4085 集成电路,其管脚排列如图 6-7-5 所示。

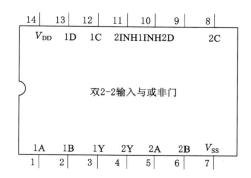

图 6-7-5　双 2-2 输入与或非门 CC4085 管脚排列图

6.7.3.3　与非门电压传输特性

TTL 集成与非门电压传输特性是指与非门的输出电压 u_o 随输入电压 u_i 变化的关系曲线,如图 6-7-6(a)所示。曲线上 A 点对应的输入电压称为关门电平 U_{off};B 点对应的输入电压称为开门电平 U_{on}。在与非门电压传输特性的不同测量方法中,最简单的是如图 6-7-6(b)所示的直流测量法。把 +5 V 直流电源通过滑动电位器分压加在与非门的输入端,用万用表逐点测出对应的输入和输出电压值,然后绘制成曲线。为了读数容易,在调节输入电压 u_i 的过程中,可以先监视输出电压 u_o 的变化,再读出输入电压的大小,否则在开门电平和关门电平之间变化的电压不易读出。

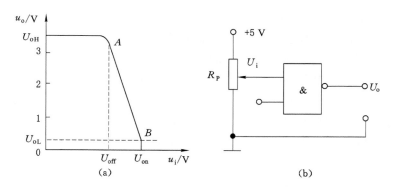

图 6-7-6　与非门电压传输特性及直流测量法实验原理图

6.7.4　实验内容

(1) TTL 与门、或门、与非门、或非门逻辑功能的测试

将四 2 输入与门 74LS08 集成电路芯片、四 2 输入或门 74LS32 集成电路芯片、四 2 输入与非门 74LS00 集成电路芯片、74LS04 和 74LS32 集成电路芯片分别插入实验箱 IC 孔插座中,输入端接逻辑电平输出,输出端接逻辑电平显示,14 脚接 +5 V 电源,7 脚接地,如图

6-7-1 至 6-7-4 所示,即可进行实验。将测试结果用逻辑 0 或 1 表示,并填入表 6-7-1 中。

表 6-7-1   **TTL 门电路逻辑功能表**

输入		输出			
		与门	或门	与非门	或非门
A	B	$Q=AB$	$Q=A+B$	$Q=\overline{AB}$	$Q=\overline{A+B}$
0	0				
0	1				
1	0				
1	1				

（2）CMOS 与或非门逻辑功能测试

将 2-2 输入与或非门 CC4085 集成电路芯片插入 IC 孔插座中,输入端接逻辑电平输出,输出端接逻辑电平显示,14 脚接＋5 V 电源,7 脚接地,即可进行实验。输入相应的信号,验证其功能,将结果填入自拟的表格中。

（3）测试与非门的电压传输特性

按图 6-7-6（b）所示直流测量法原理图接线。选用 74LS00 中一个与非门,接通＋5 V 直流电源后,调节电位器使得输入电压在＋5～0 V 范围内缓慢变化。用万用表逐点测试相对应的输出电压（正确处理不用的输入端）,将读数记录在自拟表格中。画出电压传输特性曲线,求出关门电平 U_{off}、开门电平 U_{on}、输出高电平 U_{oH} 及输出低电平 U_{oL}。根据记录所得的数据是否符合规范值,可以判断这个与非门的好坏。

（4）设计性试验

① 设计内容:试用与非门和反相器（非门）设计一个 3 输入（A_0、A_1、A_2）、3 输出（Y_0、Y_1、Y_2）的信号排队电路。其逻辑功能是:当输入 A_0 为 1 时,无论 A_1 和 A_2 为 1 还是 0,输出 Y_0 为 1,Y_1 和 Y_2 为 0;当 A_0 为 0 且 A_1 为 1 时,无论 A_2 为 1 还是 0,输出 Y_1 为 1,其余两个输出为 0;当 A_2 为 1 且 A_0 和 A_1 均为 0 时,输出 Y_1 为 1,其余两个输出为 0;若 A_0、A_1、A_2 均为 0,则 Y_0、Y_1、Y_2 也均为 0。

② 设计要求:先做好预习准备工作,然后在实验装置上连接并调试。参考电路如图 6-7-7 所示。该电路可用四 2 输入与非门 74LS00 和六反相器 74LS04 构成,结果填入自拟的表格中。

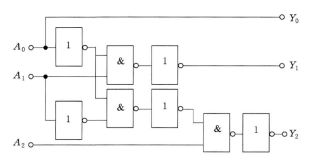

图 6-7-7   信号排队电路的参考电路图

6.7.5　实验报告

① 整理实验接线路和实验数据表格。

② 根据实验数据及观察到的波形绘制与非门的电压传输特性,并进行分析讨论。

6.7.6　思考题

① TTL 与门及与非门中多余的输入端应该如何处理? 与 TTL 或门及或非门的处理方式是否一样?

② TTL 与非门电路的输出端高、低电平一般在什么范围内? 开门电平和关门电平一般为何值?

6.8　组合逻辑电路的测试

6.8.1　实验目的

① 掌握组合逻辑电路的分析、设计以及测试方法。

② 了解各种集成电路芯片的引脚排列规律及相应的使用方法。

6.8.2　实验仪器和设备

① 数字电路实验箱(直流稳压电源、逻辑电平开关、0-1 指示器)。

② 集成电路芯片:74LS00(CC4011),74LS20(CC4012),74LS86(CC4030)。

6.8.3　实验原理

数字电路按逻辑功能和电路结构的不同特点,可分为组合逻辑电路和时序逻辑电路两大类。组合逻辑电路是根据给定的逻辑问题,设计出能实现逻辑功能的电路。用小规模集成电路实现组合逻辑电路,要求是使用的芯片最少,连线最少。一般设计步骤如下:

① 根据设计任务要求,列出真值表。

② 求出最简单逻辑表达式(一般采用卡诺图法,也可使用逻辑代数化简法)。

③ 如果已对器件类型有所规定或限制,则应将函数表达式变换成与器件类型相应的形式。

④ 画出逻辑图,用标准器件构成电路。

⑤ 用实验来验证设计的正确性。

6.8.4　实验内容

6.8.4.1　用与非门实现异或门的逻辑功能

(1) 用集成电路 74LS00 或 CC4011(管脚如图 6-8-1 所示)。按图 6-8-2 所示连接电路(自己设计接线脚标),A、B 接逻辑电平输出,Y 接逻辑电平显示,检查无误后开启电源。

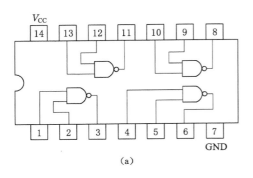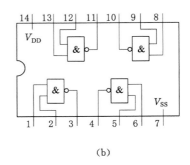

图 6-8-1　74LS00 和 CC4011 管脚图

(a) 74LS00 管脚图;(b) CC4011 管脚图

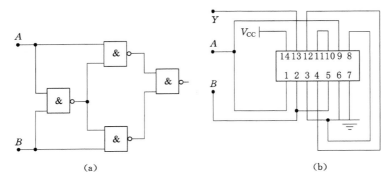

图 6-8-2　用与非门实现异或门的原理图及使用 CC4011 芯片的电路连接图

(a) 原理图;(b) 电路接线图

注意:

① 虽然 74LS00 和 CC4011 都是四 2 输入与非门,但是它们的管脚排列是不一样的,在连接电路时应注意引脚的连接。74LS20 和 CC4012 以及 74LS86 和 CC4030 也有类似问题。

② 在实际的连线中,一定不要忘记电源和地线的管脚,否则电路将无法正常工作。

(2) 按表 6-8-1 的要求测量,将输出端 Y 的逻辑状态填入表中。

表 6-8-1　　　　　　　　　　　　　　　　输出真值表

输　　入		输　　出
A	B	Y
0	0	
0	1	
1	0	
1	1	

6.8.4.2　用与非门组成三路表决器

(1) 用集成芯片 CC4011(74LS00)和 CC4012(74LS20)(管脚如图 6-8-3 所示)组成三路

表决器,按图 6-8-4 所示连接电路,A、B、C 分别接逻辑电平输出,Y 接逻辑电平显示,检查无误后开启电源。

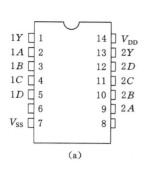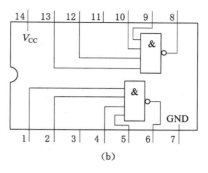

图 6-8-3　CC4012 和 74LS20 管脚图

(a) CC4012 管脚图;(b) 74LS20 管脚图

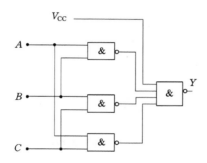

图 6-8-4　用与非门组成三路表决器电路连线图

(2) 按表 6-8-2 的要求进行测量,将输出端 Y 的逻辑状态填入表中。

表 6-8-2　　　　　　　　　　　　　　　　输出真值表

输　　入			输　　出
A	B	C	Y
0	0	0	
0	0	1	
0	1	0	
0	1	1	
1	0	0	
1	0	1	
1	1	0	
1	1	1	

6.8.4.3 测量半加器的逻辑功能

（1）用集成芯片 CC4011 和 CC4030（74LS86）（管脚如图 6-8-5 所示）组成半加器，按图 6-8-6 连接电路，A、B 分别接输入逻辑电平输出，S、C 分别接输出逻辑显示，检查无误后开启电源。

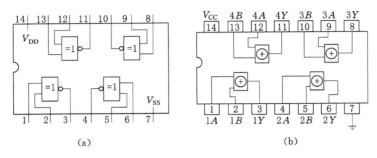

图 6-8-5 CC4030 和 74LS86 管脚图
(a) CC4030 管脚图；(b) 74LS86 管脚图

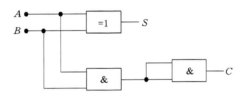

图 6-8-6 半加器连线图

（2）按表 6-8-3 的要求进行测量，将输出端 S、C 的逻辑状态填入表中。

表 6-8-3　　　　　　　　　　　　　　半加器真值表

输入		输出	
A	B	S	C
0	0		
0	1		
1	0		
1	1		

6.8.4.4 测量四位二进制全加器的逻辑功能

（1）74LS283 和 CC4008 集成芯片的电路管脚图如图 6-8-7 所示，CO 是向高位的进位，CI 是低位来的进位。为减少输入、输出的接线端，选定 $A_0 = A_2$、$A_1 = A_3$、$B_0 = B_2$、$B_1 = B_3$，输入端 A_0/A_2、A_1/A_3、B_0/B_2、B_1/B_3 分别接四个输入逻辑电平。CO 低位进位输入"1"或"0"（接 +5 V 或地），输出 S_0、S_1、S_2、S_3、CI 分别接输出逻辑显示，检查线路无误后开启电源。

（2）按表 6-8-4 的输入要求进行测量，将测量结果填入表中。

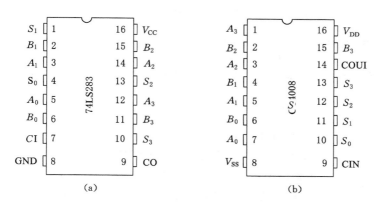

图 6-8-7　四位二进制超前进位加法器 74LS283 和 CC4008 管脚图

6.8.5　实验报告

① 写出设计过程，画出设计的电路图和实际芯片连线图。

② 结合设计测试并记录结果。

表 6-8-4 全加器真值表

输入			输出	
A_1	B_1	CO	S_1	CI
0	0	0		
0	0	1		
0	1	0		
0	1	1		
1	0	0		
1	0	1		
1	1	0		
1	1	1		

6.8.6　思考题

① 如何用最简单的方法验证与或非门的逻辑功能是否完好？

② 在与或非门中，当某一组与输入端不用时，应如何处理？

6.9　编码器和译码器的应用

6.9.1　实验目的

① 学习编码器和译码器的电路原理、性能指标和使用方法。

② 掌握应用中规模数字集成电路(MSI)设计编码器和译码器的一般方法。

③ 了解 LED 七段显示器的工作原理和使用方法。

6.9.2 实验仪器和设备

① 电子技术实验箱;② 低频信号源;③ 示波器;④ 74LS138 和 74LS147 等。

6.9.3 实验预习要求

① 复习有关译码器、编码器和数据分配器的基本原理。
② 熟悉 74LS138、74LS147、74LS247 的逻辑功能和使用方法。
③ 了解本节的实验步骤。根据实验任务,画出实验电路,自拟实验数据表格。
④ 对实验电路进行仿真,并将仿真数据与理论计算数据、实验数据进行对比。

6.9.4 实验原理

译码器是对给定的输入代码进行"翻译",使输出通道中相应的一路逻辑状态有效输出。译码器在数字系统中有广泛的用途,不仅用于代码的转换、终端的数字显示,还用于数据分配、存储器寻址和组合控制信号等,不同的功能可选用不同种类的译码器。

（1）二进制译码器

74LS138 芯片是常用的 3 线－8 线译码器,它的引脚如图 6-9-1 所示,功能见表 6-9-1。其中 A_0、A_1、A_2 为地址输入端,$\overline{Y}_0 \sim \overline{Y}_7$ 为译码输出端,$\overline{S}_1$、$6\overline{S}_2$、$\overline{S}_3$ 为使能端。

表 6-9-1   74LS138 功能表

输 入					输 出							
S_1	$\overline{S}_1+\overline{S}_3$	A_2	A_1	A_0	$\overline{Y}_0$	$\overline{Y}_1$	$\overline{Y}_2$	$\overline{Y}_3$	$\overline{Y}_4$	$\overline{Y}_5$	$\overline{Y}_6$	$\overline{Y}_7$
0	×	×	×	×	1	1	1	1	1	1	1	1
×	1	×	×	×	1	1	1	1	1	1	1	1
1	0	0	0	0	0	1	1	1	1	1	1	1
1	0	0	0	1	1	0	1	1	1	1	1	1
1	0	0	1	0	1	1	0	1	1	1	1	1
1	0	0	1	1	1	1	1	0	1	1	1	1
1	0	1	0	0	1	1	1	1	0	1	1	1
1	0	1	0	1	1	1	1	1	1	0	1	1
1	0	1	1	0	1	1	1	1	1	1	0	1
1	0	1	1	1	1	1	1	1	1	1	1	0

其中表中×表示任意输入状态,在片选使用状态下 8 线输入只有 1 线为 0(有效)。

从表 6-9-1 功能表可知,74LS138 译码器有三个输入,共有 8 种组合状态,即可译出 3 个变量函数的全部最小项,可以实现三个变量的函数。例如函数 $Z=\overline{ABC}+\overline{A}\,\overline{B}C+A\,\overline{BC}+ABC$,可用图 6-9-2 实现。

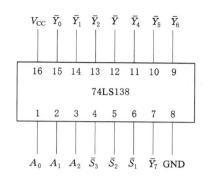

图 6-9-1　74LS138 的外部引脚

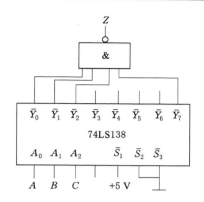

图 6-9-2　函数实现原理图

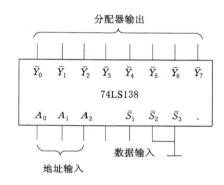

图 6-9-3　数据分配器

二进制译码器实际上也是一种负脉冲输出的脉冲分配器。利用 74LS138 一个使能端作为输入端来输入数据信息,就可构成一个数据分配器(又称多路分配器),如图 6-9-3 所示。图中若在 S_1 输入端输入数据信息 $\overline{S_2}=\overline{S_3}=0$,地址码所对应的输出是 S_1 数据信息的反码;若从 $\overline{S_2}$ 端输入数据信息,令 $S_1=1$,$\overline{S_3}=0$,地址码所对应的输出就是 $\overline{S_2}$ 端数据信息的原码。若输入的数据信息是时钟脉冲,则数据分配器便成为时钟脉冲分配器。

二进制译码器根据输入地址的不同组合译出唯一地址,可用作地址译码器。若将它构成数据分配器,可将一个信号源的数据信息传输到不同的地点。

(2) 数码显示译码器

LED 数码显示目前普遍应用七段显示器。七段数码管分别如图 6-9-4 所示,h 端用于连接小数点的数码管;连接方式分为共阳极和共阴极两种,接线方法如图 6-9-5 所示。

使用共阳数码管时,公共阳极(COM)接电源电压(正极),七个阴极 $a\sim g$ 由相应七段译码器的输出驱动,应选用输出低电平有效的显示译码器。使用共阴极数码管时,则应选用输出高电平有效的显示译码器。

驱动共阴数码管的七段译码器有 7448、74LS48 等;驱动共阳数码管的显示译码器有 7447、74LS47 和 74LS247 等。图 6-9-6 所示为 74LS247 的引脚图,表 6-9-2 所示为 74LS247 的功能表。其中,A_0、A_1、A_2、A_3 为 BCD 码输入端,$\overline{BI}$ 为消隐功能端。$\overline{BI}=1$,正常显示;$\overline{BI}=0$,字形消隐。$\overline{LT}$ 为灯测试端,$\overline{LT}=1$,正常显示;$\overline{LT}=0$,显示器显示 8。

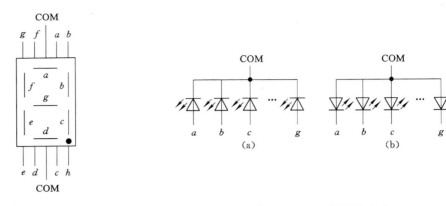

图 6-9-4　七段显示器分段分布图　　　　　　图 6-9-5　　LED 的连接方式

(a) 共阳极式接法；(b) 共阴极式接法

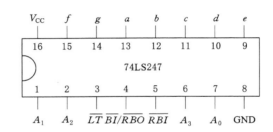

图 6-9-6　74LS247 的引脚图

表 6-9-2　　　　　　　　　　　　　　**74LS247 七段显示译码器的功能表**

十进制功能	输入端								输出端							字形
	$\overline{LT}$	$\overline{RBI}$	$\overline{BI}/\overline{RBO}$													
灭灯	×	×	0	×	×	×	×		1	1	1	1	1	1	1	全灭
试灯	0	×	1	×	×	×	×		0	0	0	0	0	0	0	全亮(8)
灭零	1	0	0	0	0	0	0		0	0	0	0	0	0	0	灭零
0	1	1	1	0	0	0	0		0	0	0	0	0	0	1	0
1	1	×	1	0	0	0	1		1	0	0	1	1	1	1	1
2	1	×	1	0	0	1	0		0	0	1	0	0	1	0	2
3	1	×	1	0	0	1	1		0	0	0	0	1	1	0	3
4	1	×	1	0	1	0	0		1	0	0	1	1	0	0	4
5	1	×	1	0	1	0	1		0	1	0	0	1	0	0	5
6	1	×	1	0	1	1	0		0	1	1	0	0	0	0	6
7	1	×	1	0	1	1	1		0	0	0	1	1	1	1	7
8	1	×	1	1	0	0	0		0	0	0	0	0	0	0	8
9	1	×	1	1	0	0	1		0	0	0	0	1	0	0	9

数码管正常工作时每段电流为 8～10 mA。驱动共阳数码管时,在数码管与显示译码器之间应串入 510 Ω 的限流电阻,如图 6-9-7 所示。驱动共阴数码管时,通常显示译码器内部有限流电阻,不需外接。如果译码器的驱动电流较小(2～8 mA),应在驱动器输出端接上约 1 kΩ 的上拉电阻,以增强驱动电流。

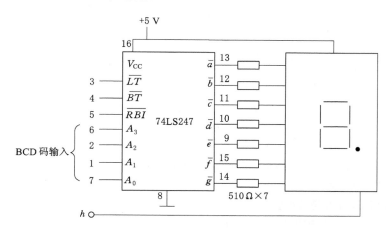

图 6-9-7　译码与显示电路

6.9.5　实验内容

(1) 译码器逻辑功能的测试

① 参照图 6-9-1 连接电路,将译码器使能端 S_1、$\overline{S_2}$、$\overline{S_3}$ 及地址端 A_2、A_1、A_0 分别接至数据开关的引出端,将 8 个输出端 $\overline{Y_7}$～$\overline{Y_0}$ 依次连接在逻辑电平指示灯线上,并在 16 脚和 8 脚接上 5 V 电源。拨动数据开关,按表 6-9-1 逐项测试 74LS138 的逻辑功能。

② 按图 6-9-2 搭接实验电路以及电源,验证所实现的逻辑功能并将结果记录到自拟表格中。

(2) 用 74LS138 构成数据分配器

① 参照图 6-9-3 画出数据分配器的实验电路并搭接电路,时钟脉冲 CP 频率为 10 kHz,要求该分配器输出端 $\overline{Y_0}$～$\overline{Y_7}$ 信号与 CP 输入信号同相。

② 用示波器观察和记录在地址端 A_2、A_1、A_0 分别取 000～111 这 8 种不同状态时 $\overline{Y_7}$～$\overline{Y_0}$ 端的输出波形,注意输出波形与 CP 输入波形之间的相位关系。

(3) 译码及显示功能验证

按图 6-9-7 所示实验电路进行连接,各输入端口分别接上数据开关。通过拨动数据开关改变输入状态,观察 LED 显示情况并验证电路的逻辑功能。也可用共阴 LED 及其显示译码器进行译码及显示功能的验证实验。

(4) 扩展实验

编码器功能和译码器功能相反,它将有特定意义的输入信号变换成相应的二进制代码。编码器的输入 $m \geqslant$ 输出,n 个输入只有一个有效,而 n 个输出的状态就可构成与输入对应的二进制编码。

74LS147 优先编码器。它允许两个以上的信号同时输入,但是编码器只对优先级最高的输入对象实现编码。图 6-9-8 为 74LS147 的引脚图,表 6-9-3 为 74LS147 的功能表。其中 $\overline{Y}_3$、$\overline{Y}_2$、$\overline{Y}_1$、$\overline{Y}_0$ 是输出 $8421BCD$ 码的反码,$\overline{I}_1 \sim \overline{I}_9$ 为输入从 9 到 1 优先级逐步降低。

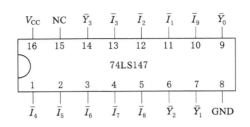

图 6-9-8　74LS147 引脚图

① 参照图 6-9-8 连接电路,将编码器输入端 $\overline{I}_1 \sim \overline{I}_9$ 接至数据开关输出口,将 4 个输出端 $\overline{Y}_3$、$\overline{Y}_2$、$\overline{Y}_1$、$\overline{Y}_0$ 依次连接在逻辑电平指示灯的 4 个输入口上,拨动数据开关,按表 6-9-3 逐项测试 74LS147 的逻辑功能。

② 结合 74LS147 的逻辑功能,自行设计并实现一个编码、译码、显示电路。

③ 按设计的电路搭接线路,根据自行设计的实验过程来验证实验结果。

表 6-9-3　　　　　　　　　　　　　**74LS147 功能表**

输入(低电平有效)									输出(8421 反码)				
1	1	1	1	1	1	1	1	1	1	1	1	1	0
0	×	×	×	×	×	×	×	×	0	1	1	0	1
1	0	×	×	×	×	×	×	×	0	1	1	1	1
1	1	0	×	×	×	×	×	×	1	0	0	0	1
1	1	1	0	×	×	×	×	×	1	0	0	1	1
1	1	1	1	0	×	×	×	×	1	0	1	0	1
1	1	1	1	1	0	×	×	×	1	0	1	1	1
1	1	1	1	1	1	0	×	×	1	1	0	0	1
1	1	1	1	1	1	1	0	×	1	1	0	1	1
	1	1	1	1	1	1	1	0	1	1	1	0	1

6.9.6　实验报告

① 画出数据分配器实验电路,在观察前将波形画在坐标纸上,并标上对应的地址码。

② 对实验结果进行分析、讨论。

③ 画出编码、译码、显示电路的实验电路,记录实验结果并分析逻辑功能。

④ 讨论分析在实验中发生不正常现象的原因及提出解决的方法。

6.9.7　注意事项

① 实验前要看清集成芯片的引脚位置。

② 接线时切勿将正、负电源的极性接反,以免损坏集成芯片。

6.9.8　思考题

① 比较用译码器与用数据选择器实现组合逻辑电路的特点。

② 为验证所设计电路的正确性,不同的实验电路各应测试哪些数据?

6.10　集成触发器的应用

6.10.1　实验目的

① 掌握基本 PS、JK、D 和 T 触发器的逻辑功能。

② 掌握集成触发器的使用方法和逻辑功能的测试方法。

③ 熟悉触发器之间相互转换的方法。

6.10.2　实验仪器和设备

① ＋5 V 直流电源;② 双踪示波器;③ 连续脉冲源;④ 单次脉冲源;⑤ 逻辑电平开关;
⑥ 0-1 指示器;⑦ 74LS112 或(CC4027)、74LS00(或 CC4011)、74LS74 或(CC4013)。

6.10.3　实验预习要求

① 复习有关触发器的内容。

② 列出各触发器功能测试表格。

③ 按实验内容的要求设计线路,拟定实验方案。

6.10.4　实验原理

触发器具有两个稳定状态,用逻辑状态"1"和"0"来表示,在一定的外界信号作用下,可以从一个稳定状态翻转到另一个稳定状态。它是一个具有记忆功能的二进制信息存储器件,是构成各种时序电路的基本逻辑单元。

（1）基本 RS 触发器

图 6-10-1 所示为由两个与非门交叉耦合构成的基本 RS 触发器,它是无时钟控制低电平直接触发的触发器。基本 RS 触发器具有置"0"、置"1"和"保持"三种功能。通常称 $\overline{S}$ 为

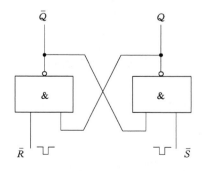

图 6-10-1　基本 RS 触发器

置"1"端,因为 $\overline{S}=0$ 时触发器被置"1";$\overline{R}$ 为置"0"端,因为 $\overline{R}=0$ 时触发器被置"0";当 $\overline{S}=\overline{R}=1$ 时状态保持。

基本 RS 触发器也可以用两个"或非门"组成,此时为高电平触发有效。

（2）JK 触发器

在输入信号为双端的情况下,JK 触发器是功能完善、使用灵活和通用性较强的一种触发器。本实验采用 74LS112 双 JK 触发器,是下降边沿触发的边沿触发器。引脚功能及逻辑符号如图 6-10-2 所示。JK 触发器的状态方程为:

$$Q^{n+1}=J\,\overline{Q^n}+\overline{K}Q^n$$

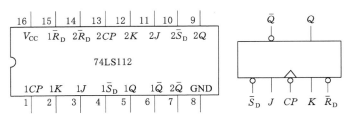

图 6-10-2 74LS112 双 JK 触发器引脚排列及逻辑符号

J 和 K 是数据输入端,是触发器状态更新的依据,若 J、K 有两个或两个以上输入端时,组成"与"的关系。Q 与 $\overline{Q}$ 为两个互补输出端。通常把 $Q=0$、$\overline{Q}=1$ 的状态定为触发器"0"状态;而把 $Q=1$、$\overline{Q}=0$ 定为"1"状态。

表 6-10-1　　　　　　　　　　　　　　JK 触发器的功能表

输　　　入					输　　出	
$\overline{S}_D$	$\overline{R}_D$	CP	J	K	Q^{n+1}	$\overline{Q}^{n+1}$
0	1	$\times$	$\times$	$\times$	1	0
1	0	$\times$	$\times$	$\times$	0	1
0	0	$\times$	$\times$	$\times$	Φ	Φ
1	1	$\downarrow$	0	0	Q^n	$\overline{Q}^n$
1	1	$\downarrow$	1	0	1	0
1	1	$\downarrow$	0	1	0	1
1	1	$\downarrow$	1	1	$\overline{Q}^n$	Q^n
1	1	$\uparrow$	$\times$	$\times$	Q^n	$\overline{Q}^n$

下降沿触发 JK 触发器的功能表见表 6-10-1 所示。JK 触发器常被用作缓冲存储器、移位寄存器和计数器。

CC4027 或（CD4027）是 CMOS 双 JK 触发器,其功能与 74LS112 相同,但采用上升沿触发,R、S 异步输入端为高电平有效。

（3）D 触发器

在输入信号为单端的情况下,D 触发器用起来最为方便,其状态方程为 $Q^{n+1}=D$。其输出状态的更新发生在 CP 脉冲的上升沿,故又称为上升沿触发的边沿触发器,触发器的状态只取决于时钟到来前 D 端的状态。D 触发器的应用很广,可用作数字信号的寄存、移位寄存、分频和波形发生器等。有很多种型号可满足各种用途的需要。如一 D(74LS175, CC4013),四 D(74LS175,CC4042),六 D(74LS174MCC14174),八 D(74LS374)等。

（4）触发器之间的相互转换

在集成触发器的产品中,每一种触发器都有自己固定的逻辑功能。但可以利用转换的方法获得具有其他功能的触发器。例如将 JK 触发器的 J、K 两端连在一起,并认为它是 T 端,就得到所需要的 T 触发器,如图 6-10-3 所示。

当 $T=1$ 时,即为 T' 触发器,CP 端每来一个 CP 脉冲信号,触发器的状态便翻转一次,故称之为翻转触发器,广泛用于计数电路中。

同样,若将 D 触发器的 $\overline{Q}$ 端与 D 端相连,便转换成 T' 触发器。

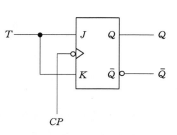

图 6-10-3　T 触发器

6.10.5　实验内容

6.10.5.1　测试基本 RS 触发器的逻辑功能

按图 6-10-1,用两个与非门组成基本 RS 触发器,输入端 $\overline{R}$、$\overline{S}$ 接逻辑开关的输出插口,输出端 Q、$\overline{Q}$ 接逻辑电平显示输入插口,按表 6-10-2 的要求进行测试,并记录数据。

表 6-10-2　　　　　　　　　　测试数据（一）

$\overline{R}$	$\overline{S}$	Q	$\overline{Q}$
1	1→0		
	1→0		
1→0	1		
0→1			
0	0		

6.10.5.2　测试双 JK 触发器 74LS112 逻辑功能

① 测试 $\overline{R_D}$、$\overline{S_D}$ 的复位、置位功能。取一只 74LS112 型 JK 触发器,$\overline{R_D}$、$\overline{S_D}$、J、K 端接逻辑开关输出插口,CP 端接单次脉冲源,Q、$\overline{Q}$ 端接至逻辑电平显示输入插口。要求改变 $\overline{R_D}$、$\overline{S_D}$（J、K、CP 处于任意状态）,并在 $\overline{R_D}=0$（$\overline{S_D}=1$）或 $\overline{S_D}=0$（$\overline{R_D}=1$）作用期间任意改变 J、K、CP 的状态,观察 Q、$\overline{Q}$ 的状态,自拟表格并记录数据。

② 测试 JK 触发器的逻辑功能。按表 6-10-3 的要求改变 J、K、CP 端状态,观察 Q、$\overline{Q}$ 状态变化,观察触发器状态更新是否发生在 CP 脉冲的下降沿（即 CP 由 0→1）,记录数据。

③ 将 JK 触发器的 J、K 端连在一起,构成 T 触发器。在 CP 端输入 1 Hz 连续脉冲,用实验箱上的逻辑笔观察 Q 端的变化。

在 CP 端输入 1 kHz 连续脉冲,用双踪示波器观察 CP、Q、$\overline{Q}$ 端波形。

表 6-10-3 测试数据（二）

J	K	CP	Q^{n+1}	
			$Q^n = 0$	$Q^n = 1$
0	0	0→1		
0	0	1→0		
0	1	0→1		
0	1	1→0		
1	0	0→1		
1	0	1→0		
1	1	0→1		
1	1	1→0		

6.10.5.3 测试双 D 触发器 74LS74 的逻辑功能

① 测试 R_D、S_D 的复位、置位功能。测试方法同实验内容 2 中的①，自拟表格记录数据。

② 测试 D 触发器的逻辑功能。

6.10.5.4 设计一个乒乓球练习电路并进行实验

电路功能要求：模拟两名运动员在练球时，乒乓球能往返运转。提示：采用双 D 触发器 74LS74，两个 CP 端的触发脉冲分别由两名运动员操作，两触发器的输出状态用逻辑电平显示器显示。

6.10.6 实验报告

① 列表整理各类触发器的逻辑功能。

② 总结观察到的波形，说明触发器的触发方式。

③ 体会触发器的应用。

④ 利用普通机械开关组成的数据开关所产生的信号是否可作为触发器的时钟脉冲信号？为什么？是否可以用触发器其他输入端的信号？又是为什么？

6.10.7 注意事项

① 仔细核对各管脚功能，不能接错。

② 输出端不能接地。

6.10.8 思考题

① JK 触发器与 RS 触发器的区别是什么？什么是电平触发？什么是边沿触发？

② 如何将 JK 触发器转换成 D 触发器和 T 触发器？

③ 如何将 D 触发器转换成 T' 触发器？

6.11　计数器及其应用

6.11.1　实验目的

① 学习用集成触发器构成计数器的方法。

② 熟悉用中规模集成计数器设计时序电路。

③ 掌握中规模集成计数器的功能、使用方法及功能测试方法。

6.11.2　实验仪器和设备

① 电路实验箱；② 双踪示波器；③ 74LS74 双 D 触发器；④ 74LS290 集成计数芯片。

6.11.3　实验预习要求

① 复习有关计数器的内容。

② 画出各实验内容的详细线路图。

③ 拟出各实验内容所需的测试记录表格。

④ 查手册,给出并熟悉实验所用各集成块的引脚排列图。

6.11.4　实验原理

计数器是数字电路系统中应用较多的基本逻辑器件。它的基本功能是统计时钟脉冲的个数,实现计数操作;同时也常用于分频、定时、产生脉冲序列等。计数器的种类很多,按触发时钟脉冲来分,可分为同步计数器和异步计数器;按进位体制的不同,可分为二进制计数器、十进制计数器和任意进制计数器;按计数过程中数字的增、减不同,可分为加法计数器、减法计数器和可逆计数器;还有可预制数和可编程计数器等。

图 6-11-1(a)是用 D 触发器组成的 4 位二进制异步加法计数器。先将每只 D 触发器接成 T' 触发器,再将低位触发器的 $\bar{Q}$ 端和高一位的 CP 端相连接,计数脉冲从 F_0 的 CP 端输入,计数器工作前在直接置零端加入一负脉冲清零。工作波形如图 6-11-1(b)所示。

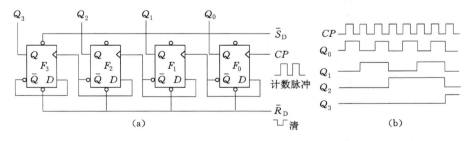

图 6-11-1　4 位二进制异步加法计数器及工作波形

若将图 6-11-1 中低位触发器的 Q 端与高一位的 CP 端相连,即可构成 4 位二进制减法计数器。

中规模集成计数器的外部接线灵活多变,可以组成各种进制的计数器,使用非常方便。

74LS290 型集成芯片是异步二—五—十进制计数器,其管脚排列图如图 6-11-2 所示。

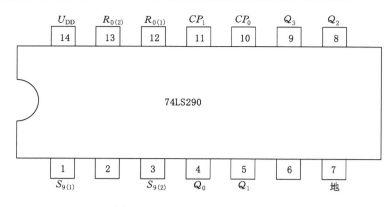

图 6-11-2　74LS290 的管脚排列

$R_{0(1)}$ 和 $R_{0(2)}$ 是清零输入端,当两端全为"1"时,计数器清零,$Q_3Q_2Q_1Q_0 = 0000$;$S_{9(1)}$ 和 $S_{9(2)}$ 是置"9"输入端,当两端全为"1"时,$Q_3Q_2Q_1Q_0 = 1001$,即表示十进制数 9。CP_0、CP_1 是两个时钟脉冲输入端。只输入计数脉冲 CP_0,由 Q_0 输出,为二进制计数器;只输入计数脉冲 CP_1,由 Q_3、Q_2、Q_1 输出,为五进制计数器;输入计数脉冲 CP_0,将 Q_0 端与 CP_1 端连接,由 Q_3、Q_2、Q_1、Q_0 输出,为十进制计数器。

若将计数器适当改接,利用其清零端进行反馈置 0 或采用并行预置数的方法,可得到小于原进制的多种进制的计数器。如 74LS290 型十进制计数器就可通过清零法改接成六、七、八、九进制的计数器。而将多个计数器采用一定的级联方式串联起来,又可得到任意进制的计数器。

6.11.5　实验内容

(1) 用 74LS74 双 D 触发器构成 4 位二进制异步加法计数器

① 按图 6-11-1 接线。$\overline{R}_d$ 接逻辑电平拨位开关,$\overline{S}_d$ 接高电平(＋5 V),将最低位的 CP 端接单次脉冲源,Q_3、Q_2、Q_1、Q_0 端接发光二极管显示输入端口。

② 清零(将 $\overline{R}_d$ 接逻辑电平拨位开关的低电平)后,再拨到高电平,将单脉冲依次送入 CP,观察 Q_3、Q_2、Q_1、Q_0 的状态,并记入表 6-11-1 中。

③ 将单脉冲改为 1 kHz 的连续脉冲,用示波器观察,Q_3、Q_2、Q_1、Q_0 的波形,并记录下来。

(2) 用 74LS74 双 D 触发器构成 4 位二进制异步减法计数器

将电路中的低位触发器的 Q 端与高一位触发器的 CP 端连接,构成减法计数器,学生自行设计电路。按上述②、③步骤进行实验,观察并记录 Q_3、Q_2、Q_1、Q_0 的状态与波形,其中 Q_3、Q_2、Q_1、Q_0 的状态记入表 6-11-1 中。

表 6-11-1　　　　　　　　　加法计数器、减法计数器的状态测试

CP 数类型	加法计数器				减法计数器			
	Q_3	Q_2	Q_1	Q_0	Q_3	Q_2	Q_1	Q_0
1								
2								
3								
4								
5								
6								
7								
8								
9								
10								
11								
12								
13								
14								
15								
16								

（3）十进制计数器逻辑功能测试

① 选取一片 74LS289，自行设计电路，接成十进制计数器。将 CP_0 端接单次脉冲源，Q_3、Q_2、Q_1、Q_0 端接发光二极管显示输入端口。

② 清零后，将单次脉冲依次送入 Q_3、Q_2、Q_1、Q_0 的状态，并记入表 6-11-2 中。

表 6-11-2　　　　　　　　　十进制计数器逻辑功能的测试

CP 数	二进制数				十进制数
	Q_3	Q_2	Q_1	Q_0	
1					
2					
3					
4					
5					
6					
7					
8					
9					
10					

③ 将单脉冲改为 1 kHz 的连续脉冲，用示波器观察 Q_3、Q_2、Q_1、Q_0 的波形，并记录下来。

（4）任意进制计数器逻辑功能测试

① 选取一片 74LS290，接成六进制计数，电路自行设计。

② 清零后，从 CP_0 依次送入单脉冲，观察 Q_3、Q_2、Q_1、Q_0 的状态，并记入表 6-11-3 中。

③ 将单脉冲改为 1 kHz 的连续脉冲，用示波器观察 Q_3、Q_2、Q_1、Q_0 的波形，并记录下来。

表 6-11-3　　　　　　　　　　任意进制计数器逻辑功能的测试

CP 数	Q_3	Q_2	Q_1	Q_0
1				
2				
3				
4				
5				
6				

6.11.6　实验报告

① 画出有关的实验电路，按实验内容记录实验数据和波形。

② 如果采用 74LS169 型同步十进制计数器改接成六进制计数器，应如何改接？画出电路图。它与 74LS290 在功能上有何不同之处？

6.11.7　注意事项

仔细核对各管脚功能，不能接错。芯片要正常工作，一定要确定接电源和接地的管脚被正确连接。

6.11.8　思考题

① 74LS290 是同步还是异步计数器？特点是什么？

② 74LS290 和 74LS160 有什么区别？

6.12　555 集成定时器及其应用

6.12.1　实验目的

① 掌握 555 定时器的逻辑功能和使用方法。

② 了解 555 定时器的内部结构和基本原理。

③ 掌握用 555 定时器组成的基本应用电路。

6.12.2　实验仪器

① 双踪示波器;② 函数信号发生器;③ 直流稳压电源;④ 数字电路实验箱;⑤ 万用表;⑥ 芯片(NE556);⑦ 二极管、电位器、电阻、电容若干;⑧ 连接线。

6.12.3　实验预习要求

① 复习 555 的工作原理。

② 熟悉用 555 组成单稳态触发器、多谐振荡器、施密特触发器的电路组成及工作原理。画出组成电路及输出波形,写出其输出波形参数的计算方法。

③ 查阅 555 引脚功能。

6.12.4　实验原理

555 定时器是一种应用广泛的模拟—数字混合集成电路,外加少量元件即可组成性能稳定的多谐振荡器、单稳触发器等多种功能电路。经常使用的集成芯片有单定时器和双定时器两种,前者是在一个芯片上集成一个 555 定时器电路;后者是在一个芯片上集成两个相同的 555 定时器,其型号定为 556。

555 定时器内部结构如图 6-12-1(a)所示,外引线排列如图 6-12-1(b)所示。从结构上看,555 定时器由两个比较器、一个基本 RS 触发器、一个反相缓冲器、一个漏极开路的 NMOS 管和由 3 个 5 kΩ 电阻 R 组成的分压器构成,因此命名为 555 定时器。

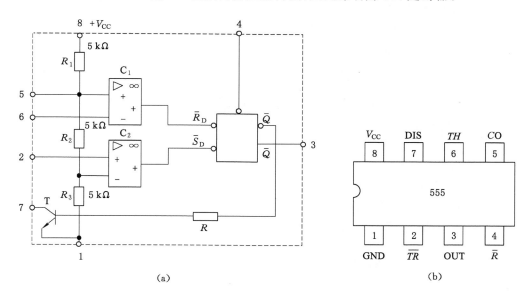

图 6-12-1　CC7555 定时器
(a) 电路图;(b) 管脚排列图

3 个 5 kΩ 电阻组成分压器,给两个电压比较器提供基准电压,C_1 触发电平为 $2/3V_{DD}$,6 端为高电平触发端,C_2 触发电平为 $1/3V_{DD}$,2 端为低电平触发端。在 5 脚控制端 CO 处外接一个参考电源 V_{CO},可改变 C_1、C_2 触发电平值。比较器 C_1 与 C_2 的输出端分别接 RS 触发器,RS 触发器由两个或非门组成,必须用负极性信号才能触发,因此加到比较器 C_1 同相端 6 脚的触发信号,只有当电平高于反相端 5 脚的电位时,RS 触发器才能翻转;而加到比较器 C_2 反相端 2 脚的触发信号,只有当电位低于 C_2 同相端的电位时,RS 触发器才翻转。4 端 R 为外部复位端,当 $R=0$ 时 RS 触发器输出为 0 状态,可强制复位。反相器 G_2 构成驱动器,用来提高定时器的带载能力,并隔离负载对定时器的影响。NMOS 管 T 起放电开关作用。555 定时器各端的功能如表 6-12-1 所列。

表 6-12-1 　　　　　　　　　　　　　　　**555 定时器功能表**

$TH(6)$	$\overline{TR}(2)$	$\overline{R}(4)$	OUT(3)	T 管	DIS(7)
×	×	L	L	导通	L
$>2/3V_{DD}$	×	H	L	导通	L
$<2/3V_{DD}$	H	L	不变	不变	不变
$<2/3V_{DD}$	$<1/3V_{DD}$	H	H	截止	H

6.12.5　实验内容

(1) 用 555 定时器组成单稳态触发器

① 按图 6-12-2 接线,取电源 $V_{CC}=5$ V。

② 在 u_i 端加入频率为 200 Hz～1 kHz、幅度为 4 V 的连续脉冲,用双踪示波器同时观测并记录 u_i 和 u_o 的波形,测 u_o 正脉冲宽度。

(2) 用 555 定时器组成多谐振荡器

① 按图 6-12-3 所示接线,取电源 $V_{CC}=5$ V。

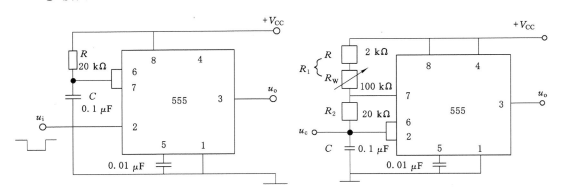

图 6-12-2　单稳态触发器　　　　　　图 6-12-3　多谐振荡器

② 用双踪示波器同时观测并记录 u_c 和 u_o 的波形。

③ 将 R_w 值调至最大、最小,分别在示波器上看波形并记录 u_c 和 u_o 的参数 t_{w1}、T、D。将测量值及计算值记入表 6-12-2 中,并作比较。

④ 将 C 值改为 0.47 μF,再观察波形的变化情况。

表 6-12-2　　　　　　　　　　　　　　　　t_{s1}、T、D 的测量值

		$R_1/k\Omega$	$R_2/k\Omega$	t_{w1}/s		t_{w2}/s		$D/\%$
				测量值	计算值	测量值	计算值	
$C=0.01\ \mu F$	R_W 最大							
	R_W 最小							
$C=0.47\ \mu F$	R_W 最大							
	R_W 最小							

（3）555 定时器构成的施密特触发器

按图 6-12-4 所示连接电路,输入 u_i 分别为变阻器手调分压输入、单极性三角波输入。用示波器观察输入输出波形,测定正向门限电压 V_{T+} 和反向门限电压 V_{T-}。用示波器观察电压传输特性。

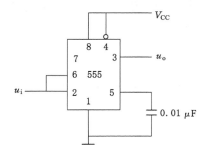

图 6-12-4　施密特触发器电路

6.12.6　实验报告

① 绘出详细的实验线路图,定量画出观测到的波形。

② 分析、总结实验结果。

③ 用 555 定时器设计一个可模拟救护车音响的报警电路,其主振高频频率为 800 Hz,低频频率为 300 Hz,控制频率为 1 Hz。

6.12.7　思考题

① 有几种方法产生脉冲信号?

② 在实验中 555 定时器 5 脚所接的电容起什么作用?

③ 多谐振荡器的振荡频率主要由哪些元件决定? 单稳态触发器输出脉冲宽度和重复频率各与什么有关?

第7章 电工电子技术设计实验

7.1 多功能集成直流稳压电源的设计

7.1.1 实验目的

通过集成直流稳压电源的设计、安装和调试,要求做到:

① 进一步加深理解整流电路的工作原理及滤波电路的作用。

② 掌握直流稳压电路的设计方法,合理选择整流二极管、滤波电容及集成稳压器。

③ 掌握直流稳压电路的调试及主要技术指标的测试方法。

7.1.2 实验任务

设计一个直流稳压电源,具体要求如下:

① 输出电压为 $-15\sim+15$ V,并且连续可调。

② 输出电流为 2 A。

③ 输出纹波电压小于 5 mV。

④ 稳压系数小于 5×10^{-3}。

⑤ 输出内阻小于 0.1 Ω。

⑥ 具有过电流保护电路,输出电流大于 2 A 时,保护启动。

7.1.3 设计原理

7.1.3.1 直流稳压电源的基本原理

在电子系统中,经常需要将交流电网电压转换为稳定的直流电压。直流稳压电源的任务一般是将 220 V、50 Hz 的交流电压转换为幅值稳定的小功率直流电压。一般由电源变压器 T、整流滤波电路及稳压电路所组成,基本框图如图 7-1-1 所示。

图 7-1-1 直流稳压电源基本组成框图

各部分电路的作用如下:

(1) 电源变压器 T

变压器的作用是将电网 220 V 的交流电压变换成整流滤波电路所需要的交流电压 u_i。

（2）整流滤波电路

整流电路将交流电压 u_i 变换成脉动的直流电压，经滤波电路输出直流电压 U_1。常用的滤波电路有全桥整流滤波、桥式整流滤波、倍压整流滤波，滤波电路如图 7-1-2 所示。

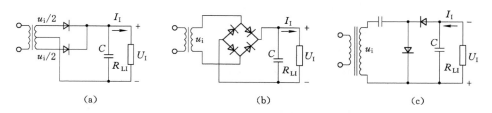

(a)　　　　　　　　　(b)　　　　　　　　　(c)

图 7-1-2　常见整流滤波电路

（a）全波整流滤波电路；（b）桥式整流滤波电路；（c）二倍压整流滤波电路

（3）三端集成稳压器

目前，电子设备中常使用的集成稳压器有输出电压固定的三端稳压器与三端可调式集成稳压器（均属电压串联型）两种。

① 输出电压固定的三端稳压器：输出电压固定的集成三端稳压器有输入、输出和公共端，其外形如图 7-1-3 所示。

图 7-1-3　78××系列外形图

a. 正压系列：78××系列，该系列稳压块输出正向电压，内部集成过流、过热和调整管安全工作区保护电路，以防过载而损坏。78××系列又分三个子系列，即 78××、78M×× 和 78L××，它们输出电压分别为 5 V、6 V、9 V、12 V、15 V、18 V、24 V 等 7 挡。输出电流略有差别，78×× 输出电流为 1.5 A，78M×× 输出电流为 0.5 A，78 L×× 输出电流为 0.1 A。

b. 负压系列：79×× 系列输出负电压，与 78×× 系列相比，除了输出电压极性、引脚定义不同外，其他特点都相同。

78××、79×× 系列的典型应用电路如图 7-1-4 所示。

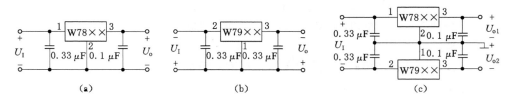

(a)　　　　　　　　　(b)　　　　　　　　　(c)

图 7-1-4　78××系列、79××系列的典型应用

（a）输出正电压；（b）输出负电压；（c）输出正、负电压

② 三端可调式集成稳压器。三端可调式集成稳压器有输入、输出和调整三个接线端。

a. 正压系列：W317 系列稳压块能在输出电压 $1.25\sim37$ V 的范围内连续可调，外接元件只需一个固定电阻和一只电位器。其芯片内部有比较放大器、偏置电路、恒流源电路和带隙基准电压 V_{REF} 等，如图 7-1-5 所示，最大输出电流为 1.5 A。调整端接到输出端，器件本身无接地端。内部基准电压 U_{REF} 接至比较放大器的同相端和调整端之间。输出电压 U_o 与外部的调整电阻 R_1、R_2 的关系为：

$$U_o = U_{REF} + (U_{REF}/R_1 + I_{adj})R_2 = U_{REF}(1 + R_2/R_1) + I_{adj}R_2$$

由于调整电流 I_{adj} 很小，相对于电流 I_1 可以忽略，所以上式可简化为：

$$U_o = U_{REF}(1 + R_2/R_1)$$

其典型电路如图 7-1-6 所示。其中电阻 R_1 与电位器 R_P 组成电压输出调节电器。R_1 一般取值为 $120\sim240$ Ω，流经电阻 R_1 的泄放电流为 $5\sim10$ mA。

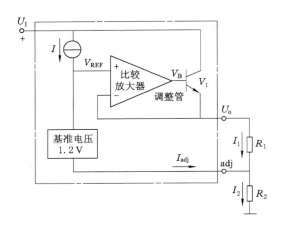

图 7-1-5 W317 内部电路结构图

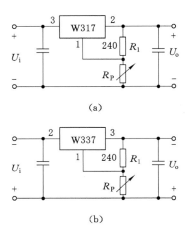

图 7-1-6 三端可调式集成稳压器典型应用

(a) 可调正压输出；(b) 可调负压输出

b. 负压系列：W337 系列，与 W317 系列相比，除了输出电压极性、引脚定义不同外，其他特点都相同。

7.1.3.2 集成稳压器的电流扩展

设计中如果要增加集成稳压电源的输出功率，可采用加接三极管增大电流的方法，如图 7-1-7 所示。图中 V_1 称为扩流功率管，一般选用大功率三极管，V_2、V_3 为过流保护三极管。电路工作原理为：正常工作时，V_2、V_3 管截止，电阻 R_1 上的压降使 V_1 管导通，增加输出电流，$I_o = I_{o1} + I_{o2}$。若输出电流 I_o 超过某个限额，则 I_{o1} 增加，电流检测电阻 R_3 上压降增大，使 V_3 导通，导致 V_2 趋于饱和，使 V_1 管的 U_{BE1} 降低，限制了功率管 V_1 的电流 I_{C1}，从而保护功率管不致因过流而损坏。

以上通过采用外接功率管 V_1 的方法达到扩流的目的，但这种方法会降低稳压精度，增加稳压器的输入与输出压差，这对大电流工作的电源是不利的。若希望稳压精度不变，可采用集成稳压器的并联方法来扩大输出电流。

并联扩流稳压电路如图 7-1-8 所示。稳压电路由两个可调式稳压器 W317 组成，集成运算放大器 741 用来平衡两个稳压器的输出电流。如果 W317-1 的输出电流 I_{o1} 大于

W317-2 的输出电流 I_{o2} 时，电阻 R_1 上的压降增大，运算放大器的同相端电位 U_P 降低，运算放大器输出电压 U_{Ao} 降低，通过 W317-1 的调整端使输出电压 U_o 下降，输出电流 I_{o1} 减小，恢复平衡。

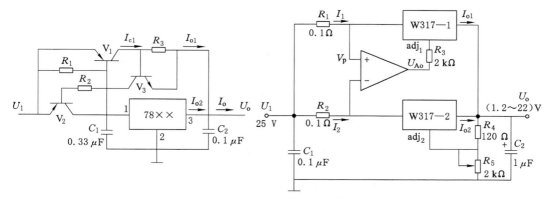

图 7-1-7　78××电流扩展电路　　　　图 7-1-8　并联扩流稳压电路

7.1.3.3　稳压电源的性能指标及测试方法

稳压电源的技术指标分为两种：一种是特性指标，包括允许的输入电压、输出电压、输出电流及输出电压调节范围等；另一种是质量指标，用来衡量输出直流电压的稳定程度，包括稳压系数（或电压调整率）、输出电阻（或电流调整率）、温度系数及纹波电压等。测试电路如图 7-1-9 所示。具体实验测试过程学生可查阅相关章节内容或相关资料学习。

图 7-1-9　稳压电源性能指标测试电路

7.1.4　参考设计电路

7.1.4.1　设计思路

① 由输出电压 U_o、电流 I_o 确定稳压电路形式。

② 通过计算极限参数（电压、电流和功耗）选择相关元器件。

③ 由稳压电路所要求的直流输入电压 U_i 和直流电流 I_i 确定整流滤波电路形式，选择整流二极管及滤波电容并确定变压器的副边电压 U_i 的有效值、电流有效值 I_i 及变压器功率。

④ 由电路的最大功耗工作条件确定稳压器、扩流功率管散热措施。

7.1.4.2　设计步骤

根据设计要求和主要性能指标，选择合适稳定的电路形式。图 7-1-10 所示为集成稳压电源的典型电路。其主要器件有变压器 T_r、二极管整流桥 $VD_1 \sim VD_4$、滤波电容 C、集成稳压器及测试用的负载电阻 R_L。

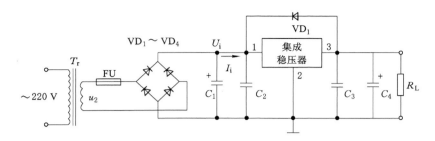

图 7-1-10　集成稳压电源典型电路

① 集成稳压器输入电压 U_i 的确定。为保证稳压器在电网量低时仍处于稳压状态，要求：

$$U_i \geqslant U_{omax} + (U_i - U_o)_{min}$$

其中 $(U_i - U_o)_{min}$ 是稳压器的最小输入输出压差，典型值为 3 V。按一般电源指标的要求，当输入交流电压 220 V 变化 $\pm 10\%$ 时，电源应稳压。所以稳压电路的最低输入电压为：

$$U_{imin} \approx [U_{omax} + (U_i - U_o)_{min}]/0.9$$

另一方面，为保证稳压器安全工作，要求：

$$U_i \leqslant U_{omin} + (U_i - U_o)_{max}$$

其中，$(U_i - U_o)_{max}$ 是稳压器允许的最大输入输出压差，典型值为 35 V。

② 电源变压器副边电压、电流及功率的确定。确定整流滤波电路形式后，由稳压器要求的最低输入直流电压 U_{imin}，计算出变压器的副边电压 U_2、副边电流 I_2。

在图 7-1-6 中一般取

$$U_2 \geqslant U_{imin}/1.1, I_2 = (1.1 \sim 3) I_{omax}$$

考虑变压器的效率 η，则原边功率：

$$P_1 \geqslant U_1 \cdot I_1 / \eta$$

③ 整流滤波元件参数确定。在桥式整流电容滤波电路中，可通过确定整流二极管的反向峰值电压 U_{RM} 和工作电流 I_D 选取整流二极管。一般取滤波电容：

$$C_1 = (3 \sim 5) T \times I_{2max}/(2U_{imin})$$

④ 稳压器功耗估算。为了确保稳压器在额定输出条件下安全、可靠地工作，必须装散热器。当输入交流电压增加 10% 时，稳压器输入直流电压最大，此时稳压器的最大耗散功率一般取：$P_{max} = (U_{imax} - U_{omin}) I_{omax}$。

⑤ 其他措施。当滤波电容 C_1 离集成稳压器较远时，应在靠近集成稳压器输入端处接上一只 0.33 μF 的旁路电容 C_2，输出端接 0.1 μF 电容 C_3，用来实现频率补偿，防止稳压器产生高频自激荡并抑制电路引入的高频干扰。C_4 是电解电容，以减小稳压电源输出端由输入电源引入的干扰。二极管 VD_1 是保护二极管，集成稳压器的输入端一旦发生短路，VD_1 将给出输出 C_4 提供一个放电通路，防止 C_4 两端的电压作用于集成稳压器内部的调整管，造成调整管 BE 结击穿而损坏。

7.1.5　计算机模拟仿真

用分立元件和运放设计的电路，要求先用 EWB 软件对电路进行仿真分析，将仿真结果与理论分析结果进行综合、比较后,再进行电路安装与指标测试。

7.1.6　设计报告

① 画出电路图。
② 写出计算步骤,选定元件参数。
③ 计算机模拟仿真波形及分析。
④ 安装调试步骤及结果。
⑤ 测试技术指标,分析电源质量。

7.2　组合逻辑电路的设计

7.2.1　实验目的

① 学会组合逻辑电路的设计方法。
② 熟悉 74 系列通用逻辑芯片的功能。
③ 学会数字电路的调试方法。
④ 学会数字实验箱的使用。

7.2.2　实验任务

① 设计一个楼梯照明电路,装在一、二、三楼上的开关都能对楼梯上的同一个电灯进行开关控制。合理选择器件完成设计。

② 设计一个三人表决电路。要求 A 具有否决权,即当表决某个提案时,多数人同意且 A 也同意时,提案通过,用与非门实现。

7.2.3　设计原理

组合电路的设计是根据已知要求条件和所需的逻辑功能,设计出最简单的逻辑电路图,其步骤如图 7-2-1 所示。

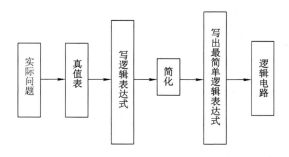

图 7-2-1　组合逻辑电路设计步骤

逻辑表达式化简是组合逻辑电路设计的关键,关系到电路组成是否最佳,使用的逻辑门的数量是否最少,由于逻辑表达式不是唯一的,需要从实际出发,结合现有所有的逻辑门种类,将化简的表达式进行改写,实现其逻辑功能。

7.2.4 参考设计方案

7.2.4.1 设计楼梯照明电路

① 分析设计要求,列出真值表。设 A、B、C 分别代表装在一、二、三楼的 3 个开关,规定开关向上为 1,开关向下为 0;照明灯用 Y 表示,灯亮为 1,灯暗为 0。根据题意列出真值表,如表 7-2-1 所示。

表 7-2-1   照明电路真值表

输 入			输 出
A	B	C	Y
0	0	0	0
0	0	1	1
0	1	0	1
0	1	1	0
1	0	0	1
1	0	1	0
1	1	0	0
1	1	1	1

② 根据真值表,写出逻辑函数表达式:

$$Y = \overline{A}\,\overline{B}C + \overline{A}B\overline{C} + A\overline{B}\,\overline{C} + ABC \tag{7-2-1}$$

③ 将输出逻辑函数表达式化简或转化形式:

$$Y = \overline{A}(\overline{B}C + B\overline{C}) + A(\overline{B}\,\overline{C} + BC) = A \oplus B \oplus C \tag{7-2-2}$$

④ 根据输出逻辑函数画出逻辑图,如图 7-2-2 所示。

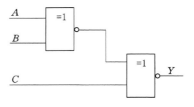

图 7-2-2   照明电路逻辑图

⑤ 实验箱上搭建电路。将输入变量 A、B、C 分别接到逻辑电平开关上,输出端 Y 接到"电位显示"接线端上。将集成电路的电源 V_{CC} 和"地"分别接到实验箱的 +5 V 与"地"的接线柱上。检查无误后接通电源。

⑥ 将输入变量 A、B、C 的状态按表 7-2-1 所示的要求变化,观察"电位显示"输出端的变化,并记录结果到表 7-2-2 中。

表 7-2-2　　　　　　　　　　　　　照明电路实验结果

输　入			输　出
LED$_1$	LED$_2$	LED$_3$	电位输出
暗	暗	暗	
暗	暗	亮	
暗	亮	暗	
暗	亮	亮	
亮	暗	暗	
亮	暗	亮	
亮	亮	暗	
亮	亮	亮	

7.2.4.2　设计表决电路

① 分析设计要求,列出真值表。设 A、B、C 三人表决同意提案时用 1 表示,不同意时用 0 表示;Y 为表决结果,提案通过用 1 表示,通不过用 0 表示,同时还应考虑 A 具有否决权。由此可列出表 7-2-3 所示的真值表。

表 7-2-3　　　　　　　　　　　　　三人表决器的真值表

输　入			输　出
A	B	C	Y
0	0	0	0
0	0	1	0
0	1	0	0
0	1	1	0
1	0	0	0
1	0	1	1
1	1	0	1
1	1	1	1

② 根据真值表,写出逻辑函数表达式。

$$Y=\overline{A}BC+A\overline{B}C+ABC \qquad (7\text{-}2\text{-}3)$$

③ 将输出逻辑函数化简后,变换为与非表达式。

$$Y=AC+AB=\overline{\overline{AC+AB}}=\overline{\overline{AC}\cdot\overline{AB}} \qquad (7\text{-}2\text{-}4)$$

④ 根据输出逻辑函数画出逻辑图。根据式 7-2-4 可画出图 7-2-3 所示的逻辑图。

⑤ 实验箱上搭建电路。将输入变量 A、B、C 分别接到数字逻辑开关 K$_1$(对应信号灯 LED$_1$)、K$_2$(对应信号灯 LED$_2$)、K$_3$(对应信号灯 LED$_3$)接线端上,输出端 Y 接到"电位显示"接线端上。将面板的 V_{cc} 和"地"分

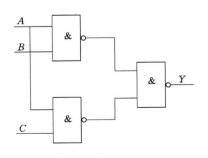

图 7-2-3　三人表决器逻辑图

别接到实验箱的＋5 V 与"地"的接线柱上。检查无误后接通电源。

⑥ 将输入变量 A、B、C 的状态按表 7-2-3 所示的要求变化,观察"电位显示"输出端的变化,并将结果记入表 7-2-4。

表 7-2-4　　　　　　　　　　　　　三人表决器实验结果

输入			输出
LED$_1$	LED$_2$	LED$_3$	电位输出
暗	暗	暗	
暗	暗	亮	
暗	亮	暗	
暗	亮	亮	
亮	暗	暗	
亮	暗	亮	
亮	亮	暗	
亮	亮	亮	

7.2.4.3　设计不一致电路

设计一个不一致电路,要求电路有 3 个输入端 A、B、C,当三者不一致时 Y 为"1",否则输出 Y 为"0"。根据 1、2 的设计步骤,设计电路,自拟表格,采用与非门实现。

7.2.5　实验预习要求

① 复习组合逻辑电路的设计方法。
② 熟悉逻辑门电路的种类和功能。

7.2.6　设计报告

① 写出设计过程。
② 整理实验记录表,分析实验结果。
③ 画出用与非门实现设计电路 1 的逻辑图。

7.3　时序逻辑电路的设计

7.3.1　设计目的

① 掌握简单的时序电路的设计方法。
② 掌握简单的时序电路的调试方法。

7.3.2　设计任务

① 设计异步二进制加法计数器。
② 设计异步二进制减法计数器。

③ 设计异步二-十进制加法计数器。

7.3.3 设计原理

时序逻辑电路又简称为时序电路。这种电路的输出不仅与当前时刻电路的外部输入有关,而且还和电路原来的状态有关。时序电路与组合电路最大的区别在于它有记忆性,这种记忆功能通常是由触发器构成的存储电路来实现的。图 7-3-1 为时序电路示意图,它是由门电路和触发器构成的。

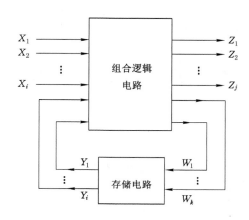

图 7-3-1　时序电路示意图

在这里,触发器是必不可少的,因此触发器本身就是最简单的时序电路。图 7-3-1 中,$X(X_1, X_2, \cdots, X_j)$ 为外部输入信号,$Z(Z_1, Z_2, \cdots, Z_j)$ 为输出信号,$W(W_1, W_2, \cdots, W_k)$ 为存储电路的驱动信号,$Y(Y_1, Y_2, \cdots, Y_j)$ 为存储电路的输出状态。这些信号之间的逻辑关系可用下面三个向量函数来表示。

输出方程 $\qquad\qquad Z(t_n) = F[X(t_n), Y(t_n)]$ $\qquad\qquad$ (7-3-1)

状态方程 $\qquad\qquad Y(t_{n+1}) = G[W(t_n), Y(t_n)]$ $\qquad\qquad$ (7-3-2)

激励方程 $\qquad\qquad W(t_n) = H[X(t_n), Y(t_n)]$ $\qquad\qquad$ (7-3-3)

式中 t_n、t_{n+1} 表示相邻的两个离散的时间;$Y(t_n)$ 称为现态,$Y(t_{n+1})$ 称为次态,它们都表示同一存储电路的同一输出端的输出状态,所不同的是前者指信号作用之前的初始状态(通常指时钟脉冲作用之前),后者指信号作用之后更新的状态。

对时序电路逻辑功能的描述,除了用上述逻辑函数表达式之外,还有状态表、状态图、时序图等。

通常时序电路又分为同步和异步两大类。在同步时序电路中,所有触发器的状态更新都是在同一个时钟脉冲作用下同时进行的。从结构上看,所有触发器的时钟都接同一个时钟脉冲源。在异步时序电路中,各触发器的状态更新不是同时发生,而是有先有后,因为各触发器的时钟脉冲不同,不像同步时序电路那样接到同一个时钟源上。某些触发器的输出往往又作为另一些触发器的时钟脉冲,这样只有在前面的触发器更新状态后,后面的触发器才有可能更新状态,这正是所谓"异步"的由来。对于那些由非时钟触发器构成的时序电路,由于没有同步信号,所以均属异步时序电路(称为电平异步时序电路)。

7.3.4 参考设计方案

7.3.4.1 异步二进制加法计数器

① 按图 7-3-2 所示接线,组成一个三位异步二进制加法计数器,CP 信号利用数字逻辑实验箱上的单次脉冲发生器和低频连续脉冲发生器,清 0 信号 $\overline{R_d}$ 由逻辑电平开关控制,计数器的输出信号接 LED 电平显示器,按表 7-3-1 进行测试并记录。

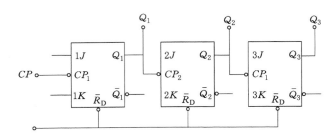

图 7-3-2 异步二进制加法计数器

表 7-3-1　　　　　　　　　　　　　显示结果真值表

$R_{\bar{d}}$	CP	Q_3	Q_2	Q_1	代表 10 进制数
0	×	0	0	0	
1	0	0	0	0	
	1	0	0	1	
	2	0	1	0	
	3	0	1	1	
	4	1	0	0	
	5	1	0	1	
	6	1	1	0	
	7	1	1	1	
	8	0	0	0	

② 在 CP 端加高频连续脉冲,用示波器观察各触发器输出端的波形,并按时间对应关系画出 CP、Q_1、Q_2、Q_3 端的波形。

7.3.4.2 异步二进制减法计数器

试将三位异步二进制加法计数改为减法计数,自拟表格测试并记录 $Q_1 \sim Q_3$ 端状态及波形。

7.3.4.3 异步二-十进制加法计数器

① 按图 7-3-3 接线,Q_1、Q_2、Q_3、Q_4 4 个输出端分别接发光二极管显示,CP 端接连续脉冲或单脉冲,按表 7-3-2 进行测试并记录。

② 在 CP 端接连续脉冲,观察 CP、Q_1、Q_2、Q_3、Q_4 的波形。

③ 画出 CP、Q_1、Q_2、Q_3、Q_4 的波形。

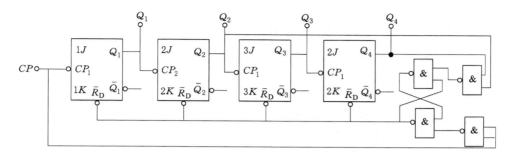

图 7-3-3　异步二-十进制加法计数器

表 7-3-2 显示结果真值表

$\overline{R_d}$	CP	Q_4	Q_3	Q_2	Q_1	代表 10 进制数
0	×	0	0	0	0	
1	0	0	0	0	0	
	1	0	0	0	1	
	2	0	0	1	0	
	3	0	0	1	1	
	4	0	1	0	0	
	5	0	1	0	1	
	6	0	1	1	0	
	7	0	1	1	1	
	8	1	0	0	0	
	9	1	0	0	1	
	10	0	0	0	0	

7.3.5　实验预习要求

① 查找 74LS112、74LS00 芯片引脚图,并熟悉引脚功能。

② 复习异步 2^n 进制计数器构成方法及同步 2^n 进制计数器构成方法的内容。

③ 复习同步时序电路和异步时序电路的设计方法。

④ 设计画出用 74LS112 构成异步二进制减法计数器的逻辑电路图。

7.3.6　设计报告

① 画出实验内容中要求设计的逻辑电路图及在集成块上的连线图。

② 整理实验数据列出表格,画出观察到的输入、输出波形。

7.4 集成运算放大器应用电路的设计

7.4.1 实验目的

① 学习用集成运算放大器构成运算电路的设计方法。
② 掌握用集成运算放大器构成运算电路的调试方法。
③ 研究提高运算电路精度的方法。

7.4.2 设计任务

① 设计一个用双运放实现加减运算的电路,实现 $U_o = 5U_1 + 10U_2 - 4U_3$ 的函数关系。

② 设计一个 U/I(电压/电流)变换电路,将 $0 \sim 5$ V 直流电压变换成 $0 \sim 10$ mA 直流电流,且要求负载电路发生变化时,输出电流恒定。

7.4.3 设计原理

集成运算放大器是一个集成化的高放大倍数的直接耦合放大电路。接入深度负反馈后可构成各种信号运算电路,如实现信号的比例、加法、减法、积分、微分等数学运算。

① 反相比例运算电路,如图 7-4-1 所示。$u_o = -\dfrac{R_F}{R_1} u_i$

② 同相比例运算电路,如图 7-4-2 所示。$u_o = \left(1 + \dfrac{R_F}{R_1}\right) u_i$

③ 反相加法运算电路,如图 7-4-3 所示。$u_o = -\left(\dfrac{R_F}{R_1} u_{i1} + \dfrac{R_F}{R_2} u_{i2}\right)$

④ 差动运算电路,如图 7-4-4 所示。$u_o = \left(1 + \dfrac{R_F}{R_1}\right) u_{i2} - \left(\dfrac{R_F}{R_1} u_{i1}\right)$

⑤ 积分运算电路,如图 7-4-5 所示。$u_o = -\dfrac{1}{R_1 C_F} \displaystyle\int u_i \, \mathrm{d}t$

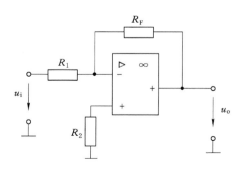

图 7-4-1 反相比例运算电路

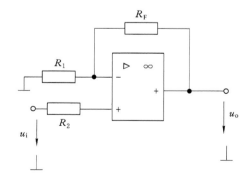

图 7-4-2 同相比例运算电路

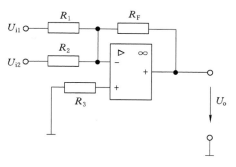

图 7-4-3　反相加法运算电路

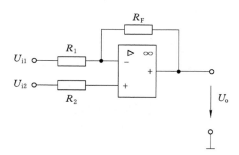

图 7-4-4　差动运算电路

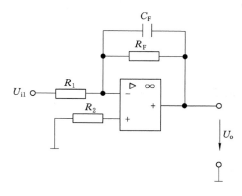

图 7-4-5　积分运算电路

7.4.4　设计内容

① 根据设计题目要求,选定电路,确定集成运算放大器型号,并进行参数设计。

② 按照设计方案组装电路。

③ 拟定实验步骤、调试方案和选定实验设备。

④ 在合适的输入信号范围内,任选几组信号输入,测出相应的输出电压 U_o,将实测值与理论计算值作比较,计算误差。

⑤ 分析实验数据并与实验设计值进行比较。

⑥ 研究运算放大器非理想特性对运算精度的影响,在其他参数不变的情况下,换用开环增益较小的集成运算放大器,重复设计任务 1,试比较运算误差,得出正确结论。

⑦ 完成对该实验的仿真。

7.4.5　设计报告要求

① 写出整个实验电路的方案选择及整个设计过程,给出原理图并确定各种元件及参数。

② 拟定实验步骤、调试方案并选定实验设备。

③ 分析实验数据、仿真数据,并与实验设计值进行比较。

④ 总结设计与调试中存在的问题、收获和体会。

7.4.6 思考题

① 如何用单运放实现设计任务 1,比较用单运放实现和双运放实现的优缺点。

② 如何设计一个 I/U(电流/电压)变换电路?

7.5 频率、电压转换电路的设计

7.5.1 实验目的

① 掌握运放综合应用电路的分析和调试方法。

② 掌握频率/电压转换电路的工作原理和设计方法。

7.5.2 设计任务

设计频率/电压转换电路,其功能要求如下:

① 用集成运放设计一种频率/电压转换电路。

② 正弦波频率范围为 200~2 000 Hz,通过改变电阻 R 改变振荡频率且要求 R/U 有线性关系。

③ 正弦波峰—峰值 12 V。

200 Hz 对应直流电压约 1 V;2 000 Hz 对应约 5 V。

7.5.3 实验原理

频率/电压转换电路的组成框图如图 7-5-1 所示,它包括 RC 串并联振荡器、积分器、整流滤波器和加法器 4 个部分。

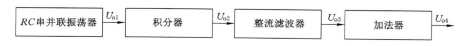

图 7-5-1 频率/电压转换电路框图

集成运放组成的 RC 串并联振荡器产生正弦波信号,其振幅为 U_{o1},振荡频率为 $f_0 = \dfrac{1}{2\pi RC}$。

稳幅正弦波经过由集成运放构成的积分电路,以实现电阻 R 变化与正弦波幅度变化呈线性关系。其原理是:基本积分电路的增益,$K = \dfrac{1}{2\pi f' R' C'}$,其中 R' 和 C' 分别为积分电阻与积分电容。设积分后的正弦波电压幅度为 U_{o2},则:

$$U_{o2} = KU_{o1} = \frac{U_{o1}}{2\pi f' R' C'} = \frac{RC}{R' C'} U_{o1}$$

由此可见,积分器输出的正弦波的幅值与 RC 串并联振荡器中的电阻 R 成正比。

整流滤波器是对正弦波进行整流滤波,变成直流电平,其电路为交流直流转换电路设计,设其输出直流电压 U_{o3} 与 U_{o2} 成正比。

反相求和运算电路用作电位调整,使 200 Hz 正弦波对应 1V 直流电平,2 000 Hz 正弦波对应 5 V 直流电平,其输出电压为 U_{o4}。

7.5.4　实验内容

① 根据设计任务及要求,选定电路,确定集成运算放大器的型号,并进行参数设计。
② 按照设计方案组装电路。
③ 拟定实验步骤、调试方案和选定实验设备。
④ 分析实验数据并与实验设计值进行比较。
⑤ 完成对该设计电路的仿真。

7.5.5　设计报告

① 画出实验的原理电路和布线图。
② 列表记录实验中有关的数据,并与仿真数据相比较。
③ 画出实验中实际测量的波形。
④ 写出设计、实验报告、调试体会。

7.5.6　思考题

① 讨论频率/电压的线性关系。
② 总结频率/电压的其他方案及其优缺点。

第8章 综合设计与实践

综合设计与实践是在电工电子基础实验的基础上,对学生的理论知识和实验技能进行综合培养。能够让学生更进一步了解系统电路的设计思想,体验设计过程,掌握电路系统的安装和调试方法,培养创新精神,以提高解决实际工程问题的能力和综合素质。设计过程和总体要求如下:

① 明确课题任务,学会查找资料,可提出对小系统电路的设计方案、原理分析和解决问题的方法。对原理电路要提供可行性的理论依据和选择参数的计算过程。

② 对设计的原理电路进行系统仿真实验,提供有效的仿真数据和图表。

③ 按电路列出器材清单,检查和测试元器件的完好性,并画出元器件的位置布局图。

④ 会正确合理布线、焊接,完成电路调试,记录和处理实验数据。对于单元电路应提供误差分析报告,并尽可能对系统进行误差分析。

⑤ 完成课题设计报告,包括课题任务、技术指标、电路原理、系统仿真、器件布局、数据记录和分析、遇到问题的处理和结果、课题的设计体会和建议等。

⑥ 课题验收,包括对实物现场运行检查,审核设计报告和其他设计资料。资料应齐全可信,实物运行应可靠,符合设计要求。

本章建议完成每个课题的实验教学课时为10～20课时左右,具体课时根据设计任务量及实际教学情况而定。对于PLC或单片机内容,可以在完成相应课程后再进行设计与实践,或作为开放性实验课题,由学生选做。

8.1 水槽液位控制器的设计

8.1.1 设计任务

设计一个水槽液位控制器,自动控制水槽液位在高水位和低水位之间循环流动。

(1)基本功能

① 如果水位低于低水位则水泵抽水,使水槽的水位上升。

② 如果水位高于低水位而低于高水位时,水泵继续抽水,使水槽水位继续上升。

③ 当水位达到或超过高水位时,水泵停止抽水,同时触发电磁阀打开放水,使水位下降。

④ 当水位下降到低水位时,电磁阀关闭,同时水泵又开始抽水,使水槽的水液位上升。完成一个周期的循环。

(2)扩展功能

对于采用微控制器(单片机或PLC)设计时,可考虑以下扩展功能:

① 水槽水位有监测报警装置,即当水位超出某限定水位时有上限报警,当水位低于某限定水位时有下限报警。

② 实时监视和显示水位的数值。

8.1.2　设计目的

① 通过本设计使学生更加熟悉用中规模集成电路进行时序逻辑和组合逻辑的电路设计方法,掌握水槽液位控制器的设计方法。

② 使学生了解接触器、电磁阀、水泵等器件的基本原理,能够独立完成电气实验的接线和调试,并对实验结果进行分析和总结。

③ 熟悉 PLC 和单片机的学生,可应用 PLC 设备或单片机对水位控制器进行程序设计、调试和运行。掌握应用 PLC 或单片机水槽液位控制器的设计方法。

8.1.3　设计参考方案

水位控制系统信号受一个启动开关控制。当按下启动按钮,系统开始工作,直至按下停止按钮开关,系统才停止工作。水位控制系统的时序关系,如图 8-1-1 所示。

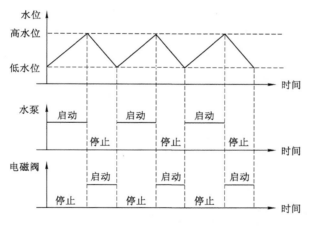

图 8-1-1　水位控制器的时序图

（1）采用集成电路的设计参考方案

采用中规模集成电路设计水位控制器的一种参考方案,如图 8-1-2 所示。图中,J_1 是低水位的控制继电器,J_2 是高水位的控制继电器。

在图 8-1-2 中,系统主要由水槽、电压比较器、隔离保护和驱动电路、直流继电器控制电路、水泵、电磁阀组成。其中,电压比较器是该系统核心部分,高、低水位的电压通过与基准电压比较输出逻辑信号,控制直流继电器的工作,实现水泵的通断,以实现水槽中的水位上下移动。

当水位低于低水位 L_1 时,高、低水位的两个电压比较器同时输出控制直流继电器 J_1、J_2 都工作,使控制交流接触器 KM 工作并自锁,让水泵抽水和关闭电磁阀,则水槽液位上升。

当水位上升到达低水位时,低水位的电压比较器输出状态反转,控制 KM 电路的直流继电器的触点 J_1 断开,但由于交流接触器 KM 电路有自锁,所以水泵还继续抽水,让水槽液位继续上升。

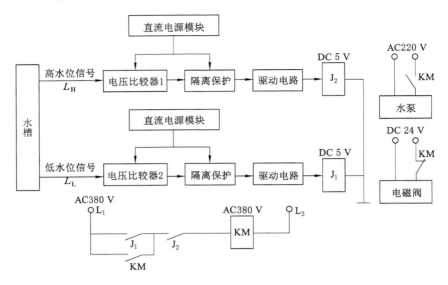

图 8-1-2　水位控制器设计参考框图

当水位继续上升到达高水位 L_H 时,高水位的电压比较器输出状态反转,对应于直流继电器 J_2 的触点断开,使交流接触器停止工作,则水泵停止抽水;同时打开电磁阀放水,使水位下降。只要水位一直低于高水位,则高水位比较器输出状态又发生反转(即 J_2 工作)。但此时低水位控制的直流继电器 J_1 还处于断开状态,所以水位还是继续下降。只有当水位到达低水位时,即低水位比较器输出状态也出现反转(即 J_1 工作),才能使水泵得电抽水,水位重新上升,系统完成一个循环。

上述方案的电气控制原理电路,如图 8-1-3 所示。

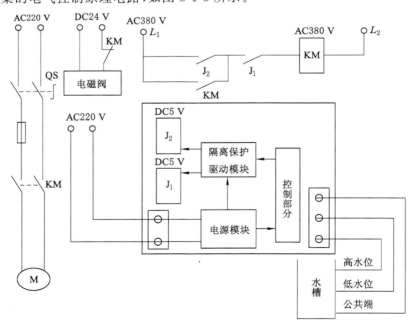

图 8-1-3　水位电气控制原理示意图

（2）采用微控制器的设计参考方案

采用微控制器实现水槽水位控制的设计方案,其系统结构如图 8-1-4 所示,图中的虚框内包括了功能扩展部分。由课题要求可以知道,系统的控制比较简单,其微控制器可以选择 PLC 和单片机。水槽输出的电压为模拟量,在利用微控制器采集输入信号时,前端要接 A/D 转换器,把模拟量信号转化成微控制器能识别的数字信号,通过一定的算法与程序对内部的设定值进行比较,以实现水槽液位的控制功能。

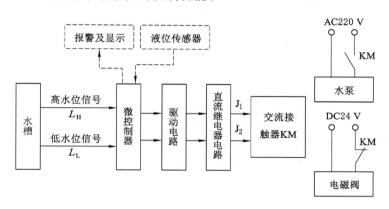

图 8-1-4　微控制器的水位控制系统结构图

微控制器是系统的核心部分,主要实现信号的采集、运算处理、输出控制等功能。驱动电路部分元件的选择应视微控制器的驱动能力而定。该控制系统的程序流程如图 8-1-5 所示,图中虚线部分为功能扩展部分的流程;V_H 对应 L_H 的电位,V_L 对应 L_L 的电位。

8.1.4　电路设计要求

8.1.4.1　参数基本要求

（1）电磁阀参数

① 管直径为 $\phi 4$。

② 最高温度为 80 ℃。

③ 孔直径为 2.5。

④ 功率为 0~7 var。

⑤ 类型处于常闭状态。

（2）水泵参数

① 额定电压为 220 V/50 Hz。

② 扬程为 0~0.8 m。

③ 最大流量为 450 L/h。

④ 额定功率为 8 W。

（3）根据本课题任务,建议 PLC 采用微型或小型机,单片机采用 5I 或其他系列的机型。对应于 PLC 及单片机的外围器件参数,可根据控制对象的需要进行选择。

（4）其他如集成电路、单片机、PLC 等参数,应根据具体被控对象的要求进行计算来获得。需要注意的是单片机 I/O 的驱动能力有限,可在输出端加上拉电阻,参考值为 4.7 kΩ。

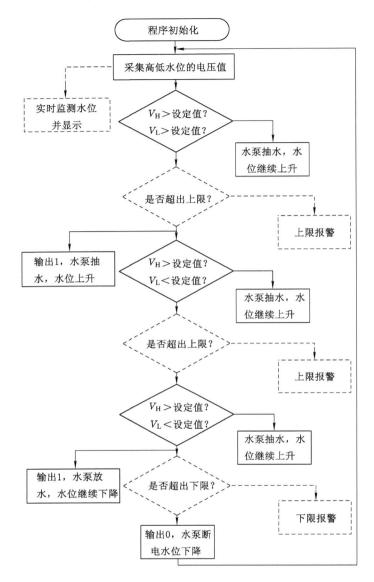

图 8-1-5　微控制器的水位控制流程图

8.1.4.2　集成电路的设计要求

（1）可参考图 8-1-2 设计原理图,并尽可能完成仿真实验。各模块电路可由设计参考方案加以选择。

（2）电路的器件选择参考。比较器可选择合适的中规模集成电路芯片。电源模块输出为 ±15 V 双路电源,变压器功率要根据实际电路选择,一般在 8~12 W;驱动电路可选用小功率三极管驱动,也可选择其他方式,驱动功率在 0.6 W 左右;直流继电器部分可选择 5 V 或 12 V,但要注意其触点的额定电压及额定电流值,以免该触点接入到交流回路中,因选择不当而烧坏。交流接触器采用额定工作电压为 380 V,交流线圈功率为 1.8~2.7 W,主触点的额定电流为 9 A。

（3）对电路进行焊接、调试和运行。元器件和焊接线的布局要合理，以免器件与器件之间、线与线之间有干扰，影响电路输出。特别是对于交流控制部分要遵循电气规范，低压电器布局合理美观，走线横平竖直并标有相对应的线号，以便检修和连线。

本课题涉及直流和交流两个控制部分，调试时建议分开调试，即对交流电路和直流电路分别调试完毕后再进行联调，以确定各部分是否正常。通电前应用万用表和示波器等仪器对系统进行检查，看系统是否存在短路、断路等故障。对故障点可先做好标记，以免忘记，并及时进行排除。

8.1.4.3　微控制器的设计要求

采用微控制器的方案时，控制电路主要由软件实现，这样可大大减小成本，具体编程过程可参考图 8-1-5。但微控制器输出电流有限，需要选择适当的驱动器件，而且单片机对外部干扰较敏感，其内部可以用延时程序来实现滤波，或利用硬件对采集信号和电源电压产生的波动进行滤除。外部对象的电气控制关系与集成电路的设计方案基本一致，不再赘述。

8.1.4.4　调试要求

（1）硬件调试

硬件调试是利用开发系统、基本测试仪器（万用表、示波器等），通过执行开发系统有关命令或运行适当的测试程序（也可以是与硬件有关的部分用户程序段），检查用户系统硬件中存在的故障。硬件调试可分为静态调试和动态调试。

① 静态调试。是在用户系统未工作时的一种硬件检查。

第一步：目测。检查它的印制线是否有断线、是否有毛刺、是否与其他线或焊盘粘连、焊盘是否有脱落、过孔是否有未金属化现象等。

第二步：万用表测试。目测检查后，可进行万用表测试。先用万用表复核目测中认为可疑的线路或接点，检查它们的通断状态是否与设计规定相符。再检查各种电源线与地线之间是否有短路现象，若有则仔细查出并排除。短路现象一定要在器件安装及通电前查出。如果电源与地之间短路，则系统中所有器件或设备都可能被毁坏，后果严重。所以，对电源和地的处理，在整个系统调试前后及运行中都要相当小心，以防短路发生。

第三步：通电检查。当给电路通电时，首先检查所有插座或器件的电源端是否有符合要求的电压值（注意，单片机插座上的电压不应该大于 5 V，否则联机时将损坏仿真器），再检查接地端电压值是否接近于零以及接固定电平的引脚端电平是否正确。然后在断电状态下将芯片逐个插入印制电路板上的相应插座中。每插入一块做一遍上述的检查，特别要检查电源到地是否短路，这样就可以确定电源错误或与地短路发生在哪块芯片上。

第四步　联机检查。联机检查是在确保静态状态下检查电路板、连接、器件等部分无物理性故障后，检查上述连接是否正确，线路是否连接畅通、可靠。静态调试完成后，接着进行动态调试。

② 动态调试。是在系统工作的情况下发现和排除系统硬件中存在的器件内部故障、器件间连接逻辑错误等的一种硬件检查。

动态调试的一般方法是由近及远、由分到合。先把系统按功能分成不同的模块，分别对各个模块进行调试。各模块电路调试都通过后，可将各电路逐块加入系统中，再对各块电路功能及各电路间可能存在的相互联系进行实验。此时若出现故障，则最大可能是各电路协调关系上出了问题，直到所有电路（模块）加入系统能够正常工作。这样由分到合的调试即告完成。通过这样的调试过程之后,大部分硬件故障基本上可以得到排除。

（2）软件调试

软件调试应遵循先独立后联机、先分块后组合、先单步后连续的规律,确定是由于硬件电路错误、数据错误还是程序设计错误等引起了该指令的执行错误,从而及早发现和排除错误。

（3）系统联调

系统联调主要解决以下问题:

① 软、硬件不能按预定要求配合工作的原因所在,如何加以解决及改进效果?

② 系统运行中是否出现预料之外的错误? 如硬件延时过长造成工作时序不符合要求,布线不合理造成有信号串扰等。对发现的错误如何分析及解决效果?

③ 测试系统的动态性能指标(包括精度、速度参数)不满足设计要求时,如何解决及结果怎样?

8.1.5　设计注意事项

① 在向水槽注水时应注意不要将水溅出水槽,以免发生短路。

② 电源连接时切勿接错线,注意区别直流电源的正、负极性和交流电源的相线、中性线端。

③ 实验中遇到危险情况时,应立即切断电源,及时排除故障,以免造成不必要的损害。

④ 按水槽电气图进行连接时,应注意接线的准确性和牢固性,防止接触不良及接线松动。

⑤ 使用万用表对各点接线进行检测,要防止接线错误或表笔碰接器件而造成短路。

8.1.6　设计报告要求

① 分析设计任务,选择技术方案。学会自己查找资料,提出不同设计方案,并进行比较,从中选择比较适合的设计方案。

② 明确电路原理,画出电路原理图。尽可能对电路进行系统仿真实验,并提供有效的仿真数据。对所设计的电路应进行综合分析,包括工作原理和设计方法。

③ 按设计的电路,列出器材清单,并根据电路画出元器件的布局图。

④ 写出调试过程和结果,列出实验数据,分别画出水槽输出端、J_1 和 J_2 继电器、电磁阀、水泵(电动机)等器件的工作波形。

⑤ 对实验数据和电路的工作情况进行分析,包括在设计和调试过程中遇到哪些问题以及对这些问题的处理方法、改进措施及经验。

⑥ 写出收获和体会。

8.2　智力抢答器的设计

8.2.1　设计任务

设计一个智力竞赛抢答器,可同时供 8 名选手参加比赛,其功能要求如下:

① 抢答器应该具有数码锁存功能。能显示优先抢答者的序号,并封锁其他抢答者的序号。

② 节目主持人可以预先设置抢答时间为 5 s、10 s 或 30 s,到时报警。

③ 节目主持人可以清除显示和解除报警。

8.2.2　设计目的

① 提高数字电路的应用能力。

② 熟悉集成芯片的综合使用。

③ 掌握智力竞赛抢答器的工作原理和设计方法。

8.2.3　设计原理

抢答器的组成框图如图 8-2-1 所示,包括定时与报警电路、门控电路、优先编码电路、锁存和显示 5 个部分。启动控制开关,定时器开始工作,同时打开门控电路,编码器和锁存器可接受输入。在定时时间内,优先按动抢答键号的组号立即被锁存并显示在 LED 上。与此同时,门控电路封锁编码器;若定时到而无抢答者,定时电路立即关闭门控电路,输出无效,同时发出短暂的报警信号。图 8-2-2 是定时与报警参考电路。定时器的设计可参考图 8-2-3,当开关 S 打开时,定时器工作,反之电路停止振荡。振荡器的频率约为:

$$f=1.443/[(R_1+2R_2)C]$$

改变电阻或电容的大小,就可以调节抢答时间。例如,根据定时要求,可以采用固定电阻加旋转开关的方案,就很容易改变预置时间。

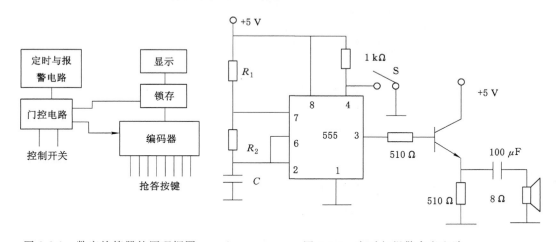

图 8-2-1　数字抢答器的原理框图　　　　图 8-2-2　定时与报警参考电路

8.2.4　参考设计电路

电路分为两部分,即抢答器部分和定时与报警电路。图 8-2-3 为抢答器部分的参考电路。图中 74LS148 是 8-3 线的优先编码器,它的 EN、Y_{EX} 和 Y_S 分别是输入、输出使能端及优先标志端。当开关 S 闭合时,将 RS 型锁存器 74LS279 清零,由于 74LS248 的 BI 为 0,所以 LED 不显示;同时 $EN=0$,编码器使能,并使得 $Y_{EX}=0$;开关 S 打开后,74LS279 的 R 端为高电平,但 74LS148 的 EN 仍然保持为 0,抢答开始。如果此后按下任何一个抢答键,编码器输出相应的 421 码,经 RS 触发器锁存。与此同时,编码器的 Y_{EX} 由 0 翻转为 1,使得 $EN=1$,编码器禁止输入,停止编码;74LS148 的 Y_S 由 1 翻转为 0,致使 74LS248 的 $BI=1$,所以 LED 显示最先按动的抢答键对应的数字。

根据给出的实验参考电路,从集成电路手册查出所用集成块的管脚排列图和功能表,并计算出元件参数,画出具体的连线图。注意图 8-2-3 中的两个非门可用与非门实现,这样做可以节省一片集成块。将定时与报警电路、抢答器电路进行联调,使其满足设计要求。

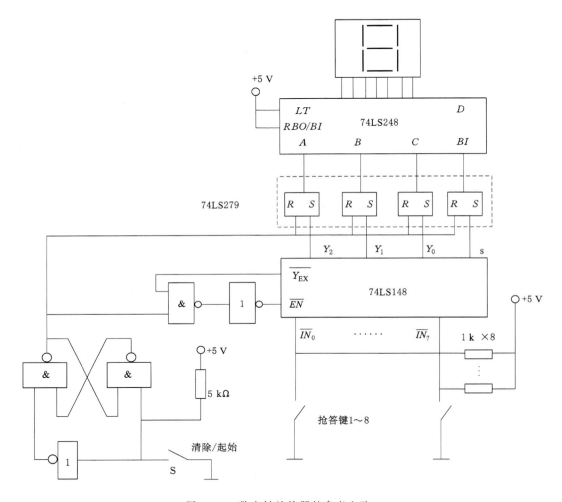

图 8-2-3 数字钟抢答器的参考电路

8.2.5 实验仪器与器材

① 数字电路实验箱 1 个。

② 双踪示波器 1 台。

③ 秒表 1 个。

④ 扬声器 1 个。

⑤ 数码显示器 1 个。

⑥ 三极管 3DG121 个。

⑦ 电阻、电容若干。

⑧ 集成门电路

定时器(NE555)1 片。

优先编码器(74LS148)1 片。

译码器(74LS248)1 片。

锁存器(74LS279)1 片。

与非门(74LS00)1 片。

8.2.6　实验报告要求

① 画出实验的原理电路和布线图。

② 列表记录实验中有关的数据。

③ 画出实验中实际测量的波形。

④ 写出设计、实验报告、调试体会。

8.3　多功能数字电子钟的设计

8.3.1　设计任务

设计一台能直接显示"时"、"分"、"秒"(24 h/d)的数字钟。

(1) 基本功能

① 进行正常的时、分、秒计时功能,由 6 位数码管显示 24 小时、60 分钟、60 秒的时钟数字。

② 能进行时、分、秒的闹钟设置,由 6 位数码管直接显示预定的闹钟时间。

③ 具有模式转换功能,当转换开关为"1"时,6 位数码管显示正常计时状态;当转换开关为"0"时,6 位数码管显示闹钟状态。

④ 在计时状态和闹钟状态下,都具有"校时"与"校分"功能。

⑤ 利用蜂鸣器做闹钟报时。当闹钟定时时间到,蜂鸣器发出周期为 1 s 的"滴滴"声,持续时间为 10 s。

(2) 扩展功能

① 利用蜂鸣器进行整点报时。当时钟到达预先设定的报时时间,通过定时器和喇叭产生频率为 1 kHz、持续时间为 30 s 的闹钟声音。

② 键盘切换现场环境温度,显示 0~60 ℃±1 ℃。

③ 具有日历及设定功能,可显示年月日星期或者是校历。

8.3.2　设计目的

① 熟悉用中规模集成电路对数字钟逻辑电路的设计过程,掌握多位计数器组成十进制、六进制、二十四进制计数器的设计方法。

② 了解多位共阴极扫描显示数码管的驱动及编码原理,能够独立进行电路设计和调试,并对实验结果进行分析。

③ 会应用单片机进行数字钟的软硬件设计、调试和运行。

8.3.3 参考设计方案

数字电子钟的外部模型如图 8-3-1 所示。

(1) 采用集成电路的设计参考方案

采用中规模集成电路设计数字钟的参考方案如图 8-3-2 所示。

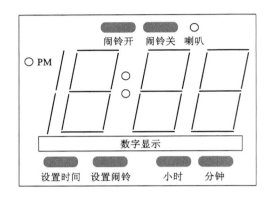

图 8-3-1 数字电子钟的外部模型

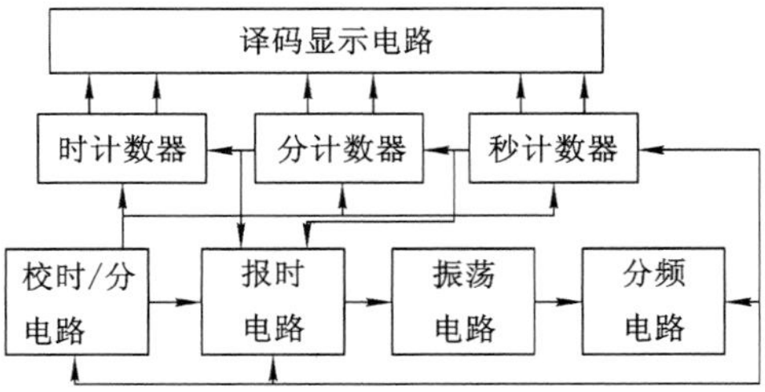

图 8-3-2 数字钟的设计参考框图

在图 8-3-2 中,系统主要由振荡电路、分频电路、计数器、译码显示电路、校时电路、整点报时电路组成。"秒"计数器计数到 60 时自动清零并向分计数器进 1。同理,"分"计数器计数到 60 自动清零的同时向"时"计数器进 1;而"计"数器计数到 24 则自动清零。"时"、"分"、"秒"计数器的输出状态(数字)经译码器/驱动器送到数字显示器的对应笔画段,分别显示"时"、"分"、"秒"的数字。报时电路设计在秒计数器到达 55、且分计数器到达 59 时去触发音频发生器,进行整点声音报时。校时电路用于对"时"、"分"、"秒"显示数字进行校对调整。

(2) 采用单片机设计的参考方案

采用单片机作为控制器实现数字钟的设计方案,其系统结构如图 8-3-3 所示。图中的虚线框为系统的扩展功能部分。

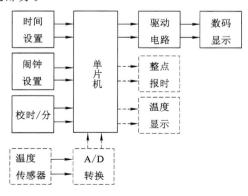

图 8-3-3 单片机实现数字钟的系统结构

采用单片机作为控制器可以尽量节省硬件资源,计数器和分频器等电路功能可在单片机内部实现。数字时钟系统涉及单片机的功能,包括有内部定时器、键盘扩展、程序中断等(这些功能仅供参考,自己可根据所学知识进行扩展,如增加串口通信)。该系统的主程序控制流程如图 8-3-4 所示,定时中断程序流程如图 8-3-5 所示。

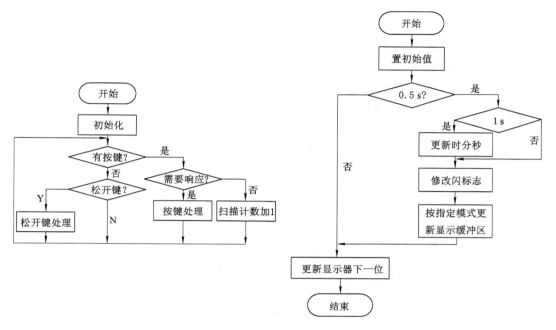

图 8-3-4　数字钟的主程序流程　　　　　图 8-3-5　数字钟的中断程序流程

8.3.4　参考设计电路

8.3.4.1　参数基本要求

① 显示数字:00:00:00～23:59:59。

② 设计误差≤0.1 s(小于±1 个数字)。

③ 用 6 位 LED 数码管,采用共阴 SE 型。

④ 芯片尽量选用 CMOS,电源选择 5 V。

8.3.4.2　集成电路的设计要求

(1)原理电路设计。

参考图 8-3-2,各模块电路可由参考设计方案加以选择。对数字钟原理不熟悉的学生,应先去查找资料,弄清各单元以及系统的电路原理,并尽可能完成仿真实验。

(2)电路元器件选择参考

① 集成电路可选择 CD4511、CD4060、74HC390、74HC51 等芯片。

② 其他元器件可根据电路原理图去选择,参考的元器件有电阻、电容、晶体管、数码管和万能板等。有条件的情况,可自己设计和制作印制电路板。

(3)对电路进行焊接、调试和运行

① 设计、组装译码器电路,其输出接数码管,以显示时间的时、分、秒的个位和十位。

② 分别设计、组装秒脉冲振荡器、计数器、校时和报时等电路。任何数字计时器都有误差,故应考虑设计校时电路。校时电路一般采用自动快调和手动调整两种方式。"自动快调"是利用分频器输出的不同频率脉冲使得显示时间得到快速自动调整。"手动调整"是利用手动的节拍来调整显示时间。

③ 完成数字钟电路的联调,并测试系统功能。

(4) 系统调试要点

① 按电路图接线,认真检查电路是否正确,注意器件引脚的连接,"悬空端"、"清零端"、"置 1 端"要正确处理。

② 调试振荡器电路,用示波器观察振荡器的输出频率和幅度。

③ 将振荡频率送入各分频器,观察各分频器输出频率是否符合设计要求。

④ 检查各级计数器的工作情况。

⑤ 观察校时电路的功能是否满足校时要求。

⑥ 当分频器和计数器调试正常后,观察数字电子钟是否正常地准确计时。

8.3.4.3 采用单片机控制的设计要求

(1) 设计数字钟电路

采用单片机实现数字钟功能的电路,可参照图 8-3-3 所示框图进行硬件设计。程序部分流程可参考图 8-3-4 和图 8-3-5 进行设计,并尽可能完成仿真实验。

(2) 单片机的硬件设计

硬件设计是根据总体设计要求,在选择单片机机型的基础上,设计出系统电路的原理图及确定选用的元件参数,并经过实验调试来满足设计要求。

(3) 单片机的软件设计

单片机的软件设计要根据应用系统的功能要求编写程序,软件设计通常采用模块化程序设计、自顶向下的程序设计方法。

8.3.5 设计报告要求

① 首先对设计任务进行分析,查找资料提出设计方案,并能够对不同方案进行比较,确定适合的设计方案。特别是对秒脉冲振荡器,可以通过比较,选择合适的振荡器。为了节约成本,在采用中规模集成电路的方案中,建议尽量选用 COMS 芯片。

② 明确电路原理。应画出电路原理图,注明元器件参数。尽可能对电路系统进行仿真实验,提供有效的仿真数据。

③按照原理电路,列出所需要的元器材清单,画出元器件的布局图,便于安装和调试。

④ 写出调试过程和结果,分别画出秒脉冲振荡器、各级分频器和计数器的信号波形(标出频率和幅度),并对实验数据加以分析与处理。

⑤ 总结数字电子钟设计、安装与调试过程,分析安装与调试中发现的问题及故障排除的方法,并比较不同设计方案的特点。

⑥ 写出实验过程的心得体会。

8.4　波形发生器的设计

8.4.1　设计任务

①　设计一个波形信号发生器,输出信号包括正弦波、三角波、方波。

②　要求频率范围:1~10 Hz,10~100 Hz,100~1 000 Hz,1~10 kHz 等四个波段。

③　频率控制方式:通过改变 RC 时间常数,手动控制信号频率。

④　输出电压:方波峰-峰值 $U_{pp} \leqslant 24$ V;三角波峰-峰值 $U_{pp} = 8$ V;正弦波峰-峰值 $U_{pp} > 1$ V。

⑤　用分立元件和运算放大器设计的波形发生器要求先用 EWB 进行电路仿真分析,然后进行安装调试。

8.4.2　设计目的

①　通过本课题设计,掌握用集成运算放大器构成正弦波、方波、三角波函数发生器的设计方法。

②　进一步熟悉常用仪器仪表的使用方法,更好地掌握小系统电路调试的基本方法和步骤。

8.4.3　设计原理

波形发生器电路可采用不同电路形式和元器件来实现。具体电路可以采用运算放大器和分立元件构成,其组成框图如图 8-4-1 所示。也可以采用单片机专用集成芯片设计。

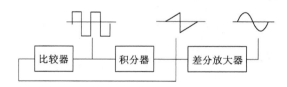

图 8-4-1　波形发生器组成框图

（1）用运算放大器和分立元器件构成波形信号发生器

用运算放大器设计波形发生器电路的关键部分是振荡器,而设计振荡电路的关键是选择器件、确定振荡器电路的形式以及确定元件参数值等。

①　用正弦波振荡器组成多种波形发生器。用正弦波振荡器产生正弦波,正弦波信号通过变换电路(例如施密特触发器)得到方波输出,再用积分电路将方波变成三角波和锯齿波输出。用 RC 串—并联正弦波振荡器产生正弦波输出,其主要特点是采用串—并联网络作为选频和正反馈网络。它的振荡频率为 $f_0 = 1/(2\pi RC)$,改变 RC 的数值,可以得到不同频率的正弦波信号。为了使输出电压稳定,必须采用相应的稳幅措施。

②　用多谐振荡器组成多种波形发生器。利用多谐振荡器产生方波信号输出,用积分电路将方波变换成三角波输出,用差分放大电路将三角波变成正弦波输出,也可采用二极管折线近似电路实现三角波-正弦波的转换。

（2）用单片函数发生器 5G8038 组成多功能信号发生器

随着集成制造技术的不断发展,信号发生器已被制造成专用集成电路。目前用得较多的集成函数发生器是 5G8038。关于 5G8038 的原理与使用方法,可自己查阅相关资料自学。

8.4.4 参考设计电路

下面简单介绍由集成运算放大器及分立元件组成方波、三角波、正弦波波形发生器的设计步骤。

8.4.4.1 方波发生电路

从一般原理来分析,可以在滞回比较器电路的基础上,靠正反馈和 RC 充放电回路组成矩形波发生电路。由于滞回比较器的输出只有两种可能的状态:高电平或低电平,两种不同的输出电平使 RC 电路进行充电或放电,于是电容上的电压将升高或降低,而电容的电压又作为滞回比较器的输入电压,控制其输出端状态发生跳变,从而使 RC 电路由充电过程变成放电过程或相反,如此循环往复,周而复始,最后在滞回比较器的输出端即可得到一个高低电平变化周期性交替的方波信号。

方波发生电路仿真电路模型如图 8-4-2 所示。图中,运算放大器 A_1 接成同相输入滞回比较器形式,从 A 端反馈引入三角波信号,触发滞回比较器自动翻转形成方波信号,从 B 端输出。两个稳压管 D_1、D_2 对接,起到正、负向输出的双向限幅作用。

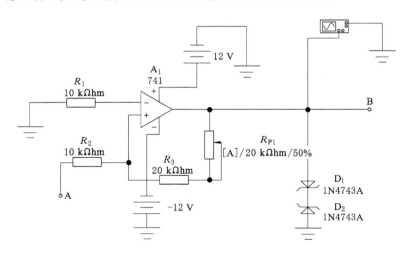

图 8-4-2　方波发生电路仿真模型

8.4.4.2 三角波发生电路

在产生方波信号之后,利用此波形输入到一个积分电路便可输出一个三角波。由于三角波信号是在电容充放电过程中形成的指数曲线,所以线性度较差。为了能够得到线性度比较好的三角波,可以将运放和几个电阻、电容构成积分电路。

三角波发生电路仿真电路模型如图 8-4-3 所示。图中,运放 A_2 接成积分电路形式,利用电路的自激振动,由滞回比较电路输出的方波信号经过积分电路后产生三角波信号,从 C 端输出。

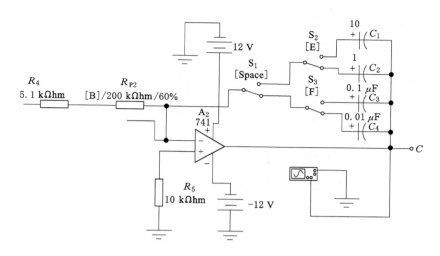

图 8-4-3　三角波发生电路仿真电路模型

在图 8-4-2 和图 8-4-3 中,方波—三角波的频率可由下式确定:

$$f = (R_3 + R_{P1}) / [4R_2(R_4 + R_{P2})C]$$

其中,$R_2 / (R_3 + R_{P1}) \geqslant 1/3$。

取 $R_2 = 10$ kΩ,则 $R_3 + R_{P1} = 30$ kΩ;取 $R_3 = 20$ kΩ,则 $R_{P1} = 20$ kΩ。

由于 $f = (R_3 + R_{P1}) / [4R_2(R_4 + R_{P2})C]$,故 $R_4 + R_{P2} = 3/4fC$。当 1 Hz$\leqslant f \leqslant$10 Hz 时,取 $C = 10$ μF,$R_4 + R_{P2} = 75 \sim 7.5$ kΩ,$R_4 = 5.1$ kΩ,$R_{P2} = 100$ kΩ;当 10 Hz$\leqslant f \leqslant$100 Hz,取 $C = 1$ μF;当 100 Hz$\leqslant f \leqslant$1 kHz,取 $C = 0.1$ μF;当 1 kHz$\leqslant f \leqslant$10 kHz,取 $C = 0.01$ μF。改变开关 S_1、S_2、S_3 与电容 C_1、C_2、C_3、C_4 的连接位置,即可调节方波和三角波的输出频率。

8.4.4.3　正弦波发生电路

利用差分放大器传输特性曲线的非线性特性,将三角波信号转化成正弦波信号。其传输特性曲线越对称、线性区越窄越好,三角波的幅值 U_{pp} 应正好使晶体管接近饱和区和截止区。

正弦波发生电路仿真电路模型如图 8-4-4 所示。图中 R_{P3} 调节三角波的幅度;R_{P4} 调整差分放大电路的对称性,其并联 R_{B2} 用来减小差分放大器的线性区;电容 C_5、C_6、C_7 为隔直电容,由于输出频率较低,所以其容量一般取得较大;C_8 为滤波电容,以消除谐波分量,改善输出波形。差分放大器的静态工作点可通过观测传输特性曲线,调整 R_{P4} 和电阻 R_{P3} 确定。

8.4.5　设计报告要求

① 根据技术指标要求及实验室条件自选方案设计出原理电路图。
② 写出计算步骤,选定元件参数。
③ 计算机模拟仿真波形及分析。
④ 安装调试所设计的电路,使之达到设计要求。
⑤ 记录实验结果。
⑥ 撰写设计报告、调试总结报告及使用说明书。

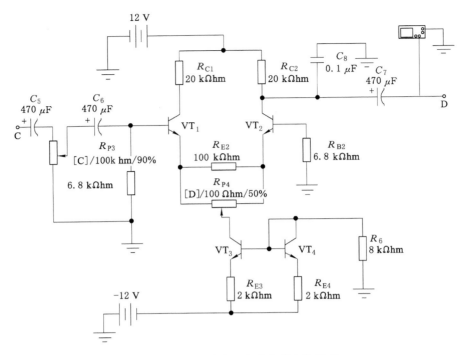

图 8-4-4　正弦波发生电路仿真电路模型

8.5　交通灯控制器的设计

8.5.1　设计目的

① 通过本课题的设计,使学生熟悉用中规模集成电路进行时序逻辑电路和组合逻辑电路设计的方法,掌握简单数字控制器的设计方法。

② 熟悉 PLC 的学生,通过应用 PLC 对交通灯控制器进行系统设计、调试和运行,掌握应用 PLC 对交通灯控制系统的设计方法。

③ 熟悉单片机的学生,可应用单片机对交通灯控制器进行系统设计、调试和运行,掌握应用单片机对交通灯控制系统的设计方法。

8.5.2　设计任务

设计一个十字路口的交通信号灯控制器,控制东西、南北两条交叉道路上的车辆通行。

(1) 基本功能

① 南北方向绿灯和东西方向的绿灯不能同时亮;如果同时亮,则应立即自动关闭信号系统,并立即发出报警信号。

② 系统工作后,首先南北红灯亮并维持 25 s;与此同时,东西绿灯亮,并维持 20 s 时间,到 20 s 时,东西绿灯闪亮,闪亮 3 s 后熄灭。

③ 在东西绿灯熄灭时,东西黄灯亮并维持 2 s,然后东西黄灯熄灭,东西红灯亮,同时南北红灯熄灭,南北绿灯亮。

④ 东西红灯亮并维持 25 s;与此同时,南北绿灯亮并维持 20 s;然后,南北绿灯闪亮 3 s 后熄灭。

⑤ 南北绿灯熄灭时,南北黄灯亮维持 2 s 后熄灭;同时南北红灯亮,东西绿灯亮。至此,结束一个工作循环。

（2）扩展功能

① 交通灯有数字显示通行时间,并以倒计数的方式将剩余时间显示在每个干道对应的两位 LED 上。

② 若交叉道口出现紧急情况,交警可将系统设置成手动:全路口车辆禁行、行人通行。紧急情况结束后再转成自动状态。

③ 当有 119、120 等特种车辆通过时,系统自动转为特种车放行,其他车辆禁止状态。特种车辆通过 15 s 后,系统自动恢复。有条件者可用模型车演示。

8.5.3　设计要求

8.5.3.1　参数基本要求

① 根据本课题任务,PLC 建议采用微型或小型机,对应于 PLC 及单片机的外围器件参数,可根据控制对象的需要进行选择设计。

② 其他如集成电路、单片机、PLC 等器件的具体参数,可根据实际的对象加以选择。同样单片机的 I/O 驱动能力低,输出端需加上拉电阻。

8.5.3.2　集成电路的设计要求

（1）参考设计原理方框图,尽可能完成仿真实验

各模块电路可由参考设计方案加以选择。

（2）电路元件选择参考

① 集成电路可选择 74LS74、74LS19、74LS00、74LS153、74LS163 和 74LS555 等芯片。

② 其他元件可根据电路原理图去选择,参考的元件有电阻 51 kΩ、200 Ω,电容 10 μF,发光二极管等。

（3）对电路进行焊接、调试和运行

① 设计、组装译码器电路,其输出接甲、乙车道上各 6 只信号灯,可用发光二极管代替,以验证电路的逻辑功能。

② 分别设计、组装秒脉冲产生电路、控制器电路等。

③ 完成交通灯控制电路的联调,并测试系统功能。

8.5.3.3　采用 PLC 的设计要求

① 交通灯的控制功能由 PLC 程序来实现。根据设计图尽可能完成仿真实验或通过组态软件创建一个仿真平台。

② 设计过程中除了满足功能要求外,还要注意节约成本,包括考虑 I/O 点数,尽量使产品的性价比达到最高。

③ 在实验室调试时,输入的数字信号选择使用点动按钮控制。

8.5.3.4　采用单片机的设计要求

（1）交通灯控制模块的设计中可由单片机程序来实现控制功能。程序设计流程可参考图 8-5-1 并尽可能完成仿真实验。

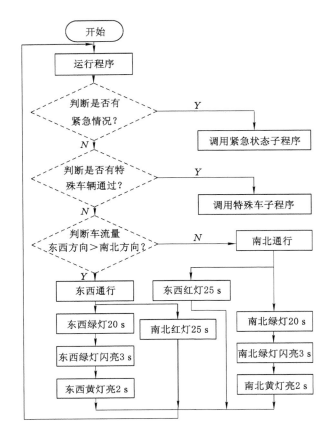

图 8-5-1　单片机控制交通灯的流程图

（2）单片机的硬件设计

硬件设计是根据总体设计要求，在选择单片机机型的基础上，设计出系统电路的原理图及确定选用的元件参数，并经过实验调试完成设计要求。其中，单片机电路设计主要进行时钟电路、复位电路、供电电路的设计；外围电路主要完成程序存储器、I/O 接口电路、传感器电路、放大电路、A/D 转换电路、驱动及执行机构的设计。

① 程序存储器一般选用容量较大的 EPROM 芯片，如 2764（8 KB）、27128（16 KB）或 27256（32 KB）等。

② 数据存储器、I/O 接口的扩展、A/D 和 D/A 电路芯片的选择，主要根据系统精度要求、速度要求和价格来选用，同时还要从与系统连接是否方便去考虑。

③ 地址译码电路，通常采用全译码、部分译码或线选法，应对充分利用存储空间和简化硬件逻辑等问题加以考虑。MCS-51 系统有充分的存储空间，当存储和 I/O 片较多时，可选用专用译码器 74LS138 或 74LS139 等。

④ MCS-51 系统单片机的外部扩展功能很强，但 4 个 8 位并行口的负载能力是有限的。P_0 口能驱动 8 个 TTL 电路，P_1、P_3 口只能驱动 3 个 TTL 电路。在实际应用中，这些端口的负载不应超过总负载能力的 70%，以保留一定的余量。如果驱动较多的 TTL 电路，则应采用总线驱动电路，以提高端口的驱动能力和系统的抗干扰能力。

数据总线宜采用双向 8 路三态缓冲器 74LS245 作为总线驱动器,地址和控制总线可采用单向 8 路三态缓冲器 74LS244 作为单向总线驱动器。

(3) 单片机的软件设计

单片机的软件设计要根据应用系统的功能要求来编程。例如,外部数据采集、控制算法的实现、外设驱动、故障处理及报警程序等。软件设计通常采用模块化程序,自顶(上)向下进行程序设计。

(4) 交通灯控制系统的调试

采用单片机和 PLC 作为控制器的交通灯系统的调试与“水槽水位控制系统”中微控制器的调试步骤基本一致。

8.5.4　参考设计方案

交通指挥信号灯主要用于维持城市交通道路十字路口的交通秩序,在每个方向都有红、黄、绿三种指挥信号灯,这些信号受一个启动开关控制,当按下启动按钮,信号灯系统开始工作,直至按下停止按钮开关,系统才停止工作。交通灯的控制示意图和时序关系,如图 8-5-2 所示。

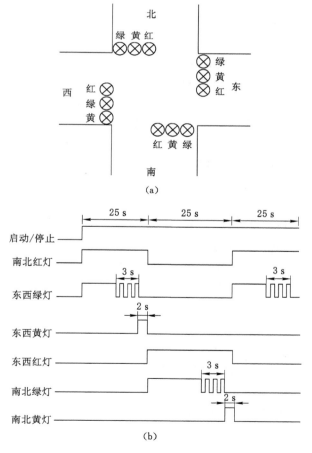

图 8-5-2　交通灯控制器的示意图

(a) 交通灯控制示意图;(b) 交通灯的时序状态图

8.5.4.1 采用集成电路的设计参考方案

采用中规模集成电路设计交通灯控制器的参考方案,如图 8-5-3 所示,虚框为功能扩展部分。

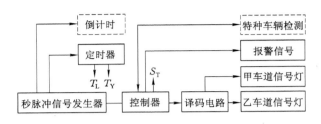

图 8-5-3　集成电路的设计参考框图

该方案主要由控制器、定时器、秒脉冲信号发生器、译码器、信号灯组成。其中,控制器是核心部分,由它控制定时器和译码器的工作,秒脉冲信号发生器产生定时器和控制器所需要的标准时钟信号,译码器输出两路信号灯的控制信号。T_L、T_Y 为定时器的输出信号,S_T 为控制器的输出信号。

当某车道绿灯亮时,允许车辆通行。同时定时器开始计时,当计时到 25 s 时,则 T_L 输出为 1,否则 $T_L = 0$。

当某车道黄灯亮后,定时器开始计时,当计时到 2 s 时,T_Y 输出为 1,否则 $T_Y = 0$。

S_T 为状态转换信号,当定时器计数到规定的时间后,由控制器发出状态转换信号,定时器开始下一个工作状态的定时计数。

一般情况下,十字路口的交通信号灯工作状态如下:

① 东西(A)车道绿灯亮,南北(B)车道红灯亮,此时东西车道允许车辆通行,南北车道禁止车辆通行。当东西车道绿灯亮够规定的时间(20 s)后,控制器发出状态转换信号,系统转入下一个状态。

② 东西车道黄灯亮,南北车道红灯亮,此时东西车道允许超过停车线的车辆继续通行,而未超过停车线的车辆禁止通行,南北车道禁止车辆通行。当东西车道黄灯亮够规定(2 s)时间后,控制器发出状态转换信号,系统转入下一个状态。

③ 东西车道红灯亮,南北车道绿灯亮。此时东西车道禁止车辆通行,南北车道允许车辆通行,当南北车道绿灯亮够规定时间(20 s)后,控制器发出状态转换信号,系统转入下一个状态。

④ 东西车道红灯亮,南北车道黄灯亮。此时东西车道禁止车辆通行,南北车道允许超过停车线的车辆继续通行,而未超过停车线的车辆禁止通行。当南北车道黄灯亮够规定时间(2 s)后,控制器发出状态转换信号,系统转入下一个状态,循环往复上述过程。

由以上分析看出,交通信号灯有 4 个状态,可分别用 S_0、S_1、S_2、S_3 来表示,并且分配编码为 00、01、11、10,由此得到控制器的状态如表 8-5-1 所示。

表 8-5-1 　　　　　　　　　　　　　控制器的状态

控制器状态	信号灯状态	车道运行状态
S_0(00)	A 绿灯,B 红灯	A 车道通行,B 车道禁止通行

控制器状态	信号灯状态	车道运行状态
$S_1(01)$	A 黄灯,B 红灯	A 车道过线车辆通行,未过线车辆禁止通行,B 车道禁止通行
$S_1(11)$	A 红灯,B 绿灯	A 车道禁止通行,B 车道通行
$S_3(10)$	A 红灯,B 黄灯	A 车道禁止通行,B 车道过线车通行,未过线车禁止通行

8.5.4.2　采用 PLC 的参考设计方案

采用 PLC 设计交通灯控制器的方案,如图 8-5-4 所示。

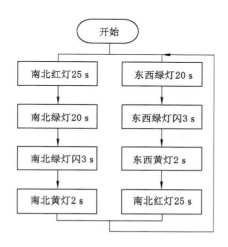

图 8-5-4　PLC 控制交通灯的流程图

基本 I/O 分配关系见表 8-5-2。对于其他要求及功能的 I/O,可根据实际需要自己添加。表中的 PLC 建议采用 S7-200 型号。

表 8-5-2　　　　　　　　　　　　I/O 分配

序号	输入信号名称	地址
1	自动开关 QS(动合)	I0.0
2	特殊车辆检测	I0.1
序号	输出信号名称	地址
1	南北红灯 HL_1	Q0.1
2	东西绿灯 HL_2	Q0.2
3	东西黄灯 HL_3	Q0.3
4	东西红灯 HL_4	Q0.4
5	南北绿灯 HL_5	Q0.5
6	南北黄灯 HL_6	Q0.6
7	报警显示	Q0.7

PLC 的程序设计参考图 8-5-4 进行编写。可根据 I/O 分配关系进行外部接线、系统调

试和运行测试。

8.5.4.3 采用单片机的参考设计方案

采用单片机设计交通灯控制器的方案，系统结构示意图如图 8-5-5 所示，虚框为功能扩展部分。该方案主要是控制 12 个发光二极管亮或灭。每个二极管与单片机连接所对应的取值，如表 8-5-3 所示。

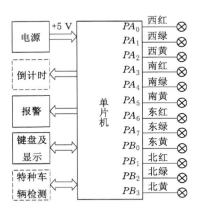

图 8-5-5 单片机系统的结构示意图

表 8-5-3 　　　　　　　　　发光二极管与相应端口取值关系

规律	PB_3 北黄	PB_2 北绿	PB_1 北红	PB_0 东黄	PA_7 东绿	PA_6 东红	PA_5 南黄	PA_4 南绿	PA_3 南红	PA_2 西黄	PA_1 西绿	PA_0 西红	十六进制数
红灯全亮	1	1	0	1	1	0	1	1	0	1	1	0	0DBH
东西绿灯亮 南北红灯亮	1	1	0	1	0	1	1	1	0	1	0	1	0D75H
东西黄灯亮 南北红灯亮	1	1	0	0	1	1	1	1	0	0	1	1	0CF3H
南北红灯亮	1	1	0	1	1	1	1	1	0	1	1	1	0DF7H
东西红灯亮 南北绿灯亮	1	0	1	1	1	0	1	0	1	1	1	0	0EABH
东西红灯亮 南北黄灯亮	0	1	1	1	1	0	1	1	1	1	1	0	079EH
东西红灯亮	1	1	1	1	1	0	1	1	1	1	1	0	0FEEH

根据集成电路的参考设计方案知道，交通灯的控制系统包括六种状态，如图 8-5-6 所示。使用单片机的编程控制，实际就是针对交通灯的六种状态进行控制，以达到交通灯自动切换控制目的。

要实现状态图的循环执行，主要依靠单片机程序的计时功能，这是程序设计的核心。实现计时功能需要通过设置定时器的初始值来控制溢出中断的时间间隔，再利用变量记录定时器溢出的次数，达到定时 1 s 的要求。每计时 1 s，东西、南北信号灯各状态的暂存剩余时间的变量减 1。当暂存剩余时间的变量减到 0 时，切换到下一个状态，同时将下一个状态初

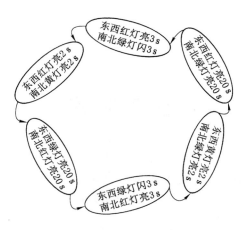

图 8-5-6　交通灯控制系统的六种控制状态

始的倒计时值装载到计时变量中,开始下一个状态,如此循环重复执行。其程序流程图如图 8-5-1 所示。图中,虚线框为功能扩展部分,若不需要则可跳过执行。

8.5.5　设计报告

① 首先对设计任务进行分析和补充。查找资料提出设计方案,并对不同方案进行比较,选择合适的设计方案。需要提供不同方案的设计框图及简要说明。

② 明确电路原理。应画出电路原理图并注明元器件参数。尽可能对电路系统进行仿真实验,提供有效的仿真数据,以便在实际电路测试时加以参考。这个过程还要求对电路进行分析,包括工作原理和设计方法的阐述。对于系统的单元电路有多种方案选择时,应加以比较,并说明选择单元电路的理由。

③ 按照原理电路,列出所需要的元器件清单,画出元器件的布局图,便于安装和调试。对于不同设计方案,布局图都要分别画出,便于接线。

④ 写出调试过程和结果,画出三种信号灯的波形,并对实验数据加以分析和处理。这里要提醒的是,对于不同设计方案,仿真方法也不同。建议对三种设计方案的仿真实验都尽量去完成。仿真数据和动态波形对实际电路的调试和正常运行,可以提供有益的借鉴和帮助。

⑤ 论述解决问题的方法和效果。包括在设计和调试过程中遇到哪些问题,这些问题有哪些现象,应采用什么方法处理或改进措施,达到的效果如何。

⑥ 写出本课题的设计收获和体会。104

参 考 文 献

［1］陈海洋,厉谨.电工电子技术实验教程［M］.西安:西北工业大学出版社,2013.

［2］程勇.实例讲解 Multisim10 电路仿真［M］.北京:人民邮电出版社,2010.

［3］从宏寿,李绍铭.电子设计自动化——Multisim 在电子电路与单片机中的应用［M］.北京:清华大学出版社,2008.

［4］郭海文.电工电子实验技术［M］.徐州:中国矿业大学出版社,2012.

［5］郭红想,叶敦范.电工与电子技术实验［M］.武汉:中国地质大学出版社,2011.

［6］李宁.模拟电路［M］.北京:清华大学出版社,2011.

［7］林育兹.电工学实验［M］.北京:高等教育出版社,2010.

［8］陆国和.电工实验与实训［M］.北京:高等教育出版社,2005.

［9］彭端,蒋力立.电工与电子技术实验教程［M］.武汉:武汉大学出版社,2011.

［10］王连英.基于 Multisim10 的电子仿真实验与设计［M］.北京:北京邮电大学出版社,2009.

［11］肖顺梅.电工电子实习教程［M］.南京:东南大学出版社,2010.

［12］徐淑华.电工电子技术实验教程［M］.北京:电子工业出版社,2012.

［13］张玲霞.电工电子实验教程［M］.哈尔滨:哈尔滨工业大学出版社,2012.

［14］朱小龙,梁秀荣.电工电子实验与课程设计指导［M］.徐州:中国矿业大学出版社,2013.